U1017861

高校师范生数学情感素养的理论与实证研究

林伟华　著

中国科学技术大学出版社

内 容 简 介

本书主要对高校师范生的数学情感素养进行理论与实证研究。通过梳理数学情感素养相关研究，采用文献资料法等多种研究方法，界定师范生数学情感素养的概念内涵与外延，构建师范生数学情感素养指标体系，设计并实施师范生数学情感素养调查问卷，提出针对群体和个体的数学情感素养培养策略。

本书可供高等师范院校数学与应用数学专业高年级本科生、研究生、教师以及相关领域的科研人员阅读参考。

图书在版编目(CIP)数据

高校师范生数学情感素养的理论与实证研究 / 林伟华著. -- 合肥 ：中国科学技术大学出版社，2025.6. -- ISBN 978-7-312-06190-5

Ⅰ. O1-4

中国国家版本馆 CIP 数据核字第 20251QU163 号

高校师范生数学情感素养的理论与实证研究

GAOXIAO SHIFANSHENG SHUXUE QINGGAN SUYANG DE LILUN YU SHIZHENG YANJIU

出版 中国科学技术大学出版社
安徽省合肥市金寨路 96 号，230026
http://press.ustc.edu.cn
https://zgkxjsdxcbs.tmall.com

印刷 合肥华苑印刷包装有限公司

发行 中国科学技术大学出版社

开本 710 mm×1000 mm 1/16

印张 11

字数 192 千

版次 2025 年 6 月第 1 版

印次 2025 年 6 月第 1 次印刷

定价 56.00 元

前　言

在这个充满挑战和机遇的时代，教育的核心任务已经从单纯的知识传递和技能培养转变为更加注重学生的全面发展和道德素质的提升。“立德树人”的理念已经成为推动教育改革的核心动力，并被视为衡量教育成效的重要尺度。在这一理念的指导下，师范生作为未来教育事业的承载者，他们在数学教育中的情感素养培养显得尤为关键。

数学教育，作为基础教育的基石，不仅承担着传授数学知识的责任，更肩负着培养学生情感素养的重要使命。数学情感素养，作为非智力因素的关键组成部分，对于师范生的全面发展起着至关重要的作用。未来的教师，不仅需要掌握数学知识和教学技巧，更重要的是需要懂得如何在教学实践中融入情感教育，以培养学生对数学的兴趣和逻辑思维能力。

由于长期以来受传统教育影响，数学教育强调知识和技能的传授，而在一定程度上忽视了情感素养的培养。随着社会的发展，这种现象不仅限制了师范生的全面发展，也影响了他们未来作为教师的教育教学能力。

在“立德树人”的大背景下，数学教育的育人使命愈发凸显，其中数学情感素养的培育成为不可或缺的一环。本书旨在探讨如何将师范生的数学情感素养有效地落实到教育实践活动中，以实现其在育人过程中的功能和价值。本书将围绕高校师范生的数学情感素养进行深入研究，探讨如何在数学教育中有效地培养和提升这一素养，并探索如何将数学情感素养与数学教学相结合，以创造出更加生动、高效的数学课堂环境。

本书以地方师范院校大一数学专业师范生为对象，采用理论与实证相结合的研究方法，运用文献资料法、德尔菲法、问卷调查法、访谈调查法、优势关系多属性群决策法、教育实验研究法、个案研究法等多种研究手段，深入探究了师范生数学情感素养的概念内涵与外延，构建了师范生数学情感素养指标体系。基于这一体系，我们设计并实施了“师范生数学情感素养调查问卷”，对高校数学师范专业大一新生进行了全面的现况调查，揭示了当前师范生数学情感素养的情况及存在的问题。进一步，我们提出了针对群体和个体的数学情感素养培养策略，并通过实验研究验证了这些策略的有效性。

本书的出版得到了韩山师范学院学术专著出版基金、广东省哲学社会科学项目（项目编号：GD22XJY30）、广东省高等教育教学研究和改革项目（项目名称：核心素养下数学学科教学法课程教学改革与实践研究）、韩山师范学院博士启动项目（项目编号：QD2021210）以及校级线下一流课程（数学学科教学法）经费的大力支持，在此一并表示衷心的感谢。

鉴于作者水平有限，书中难免存在不足之处，恳请广大读者提出宝贵意见，以便我们不断改进和完善。

著　者

2024 年 4 月

目　　录

第1章　绪　　论

心理学“二分法”将人的心理活动分为认知和意向两部分。基于此,有学者提出智力因素和非智力因素具有共同育人作用。[1]情感,作为非智力因素的重要组成部分,同样肩负着育人的作用。布卢姆(Bloom)明确指出“在教学过程中情感因素伴随认知因素而出现”。[2]Gable强调“在与认知因素相互作用过程中,情感不只作为手段来促进认知教学,还作为目标来促进整个教学活动”。[3]卢家楣倡导在教学活动中应充分重视情感因素,发挥情感因素的积极作用,促进学生素质的全面发展。[4]余文森认为情感态度价值观最能体现“以人为本”目标,强调只有把情感态度价值观内化成学生的品格,转化为他们的精神世界,使学生成为一个精神丰富、有品位的人,情感态度价值观目标才有终极意义。“若失品格,一切皆失。”没有内化为品格,就没有素养的意义。[5]学者们均强调了情感素养育人的重要作用。

党的十八大把“立德树人”列为教育根本任务,在凸显教育问题本质的同时,也为教育工作提出了新要求。《国家教育事业发展“十三五”规划》在教育现代化新理念中提出“有效落实立德树人根本任务”。《国家中长期教育改革和发展规划纲要(2010—2020年)》提出“坚持德育为先”,“培养学生良好的审美情趣和人文素养”,“牢固确立人才培养在高校工作中的中心地位,着力培养信念执著、品德优良知识丰富,本领过硬的高素质专门人才和拔尖创新人才”,“充分调动学生学习积极性和主动性,激励学生刻苦学习、增强诚信意识养成良好学风”等。这些都为学生情感素养培育提供了政策依据。

我国著名数学家史宁中教授曾说过,过去以知识技能为核心的教学目标,使我国教育形成了以基础知识与基本技能的“双基”教育特色。长期以来,国内教育侧重“双基”,忽视学生情感素质的培养。[6]上海师范大学卢家楣教授指出:应试教育背景下重知轻情教学失衡现象时有见闻;承认认知层面、无视情感层面的教学基本矛盾,是导致传统教学活动重知轻情的根本原因;随着素质教育

推进，情感态度价值观目标被列入教育部基础教育课程改革文本中，以冀扭转重知轻情教育失衡状况。[4,7-8]

作为基础学科的数学教育，不仅肩负知识与技能的传授任务，也肩负“立德树人”的使命。数学情感素养，以其固有的非智力因素积极性特点，具备独特的数学学科育人作用。情感教育是人本主义教育理念的发展。作为高等师范院校数学专业师范生(以下简称高师数学专业师范生)，他们的数学情感素养是影响其身心健康与专业提升的重要因素。尽管经过大学专业课程的学习与锻炼，师范生的数学情感素养会发生一些变化，但如果能在师范生入学后就对他们的数学情感素养加以关注并培养，这对于师范生数学情感素养整体水平的提升具有重要意义。

然而，高考指挥棒下的应试教育及其滞后效应，使得数学教学更多表现为知识和技能的传授，忽视了其育人作用。高师数学专业师范生是现今的受教者，也是将来的施教者，师范生数学情感素养的理论研究和理论先行，能推进和引领数学学科“立德树人”的实践。因此，在数学师范本科教育实践活动中，如何落实并推行师范生数学情感素养，使其育人功能与价值真正实现，是数学教育研究领域面临的重要问题。

1.1 数学情感素养研究概述

在初期文献收集和梳理过程中发现[9]：在国外，“数学情感”受到关注、育人作用得以重视的文献，见著于 20 世纪 60 年代的美国数学课程改革中。[10]澳大利亚数学教育家 Clarkson 认为数学情感研究有三个阶段：第一阶段，20 世纪 80 年代以前，研究者主要侧重探究态度类非智力因素如何影响智力学习；第二阶段，80～90 年代，对情感重要性的认知，以及情感研究热潮兴起；第三阶段，20 世纪 90 年代至今，情感研究深入开展，情感研究的复杂化发展。[11]一些学者对数学情感的构成要素进行了探究，其中具有代表性的有：McLeod 构建了数学信念、数学态度和数学情绪的三因素模型[12]；Hart 设计了数学信念系统、数学情绪机制和数学焦虑行为的三层次模型[13]；Hannula 提出了三个立体维度立体情感模型说，即社会影响、心理要素、生理表征的维度，数学认知、数学动机、数学情绪的维度，状态和特质的维度。一些学者对数学情感的影响因素和影响效果进行了挖掘。例如，Hannula分析了数学价值观、学习者身份、数学动机、数学的社会规范等因素[14]；Shimizu探究趣味性、神秘性、评估与合作等情感因素对学习成绩的积极性影响[15]；Schommer-Aikins在对数学认知信念影响数学问题解决的分析中发现，消极的、错误的认识信念会阻碍数学问题解决以及深入学习[16]。还有一些学者对涵盖数学情感的数学素养进行评价研究。例如，Suurtamm指出，美国在数学素养评估方面，既重视终结性评估导向作用，又重视形成性评估的反馈功能[17]；Hendrickson指出，芬兰采用多元主导的数学测评方法，旨在对学生预设的学习目标和发展目标进行检测，并及时反馈给教师，以服务教学[18,19]。Ableitinger分析了德国数学素养测评并指出，测评应聚焦学生在教学中获得的“基本经验”，如用数学方式感受并理解自然、社会以及文化现象，获得超越数学的方法和能力等方面的经验。[20] Cai J等人就数学交流素养测评指出，有些看似封闭的选择题，其题干具有“开放”的特征，要求学生表达出思考过程。[18]

在国内，关于数学情感的研究成果并不多。在中国期刊网以“数学情感素养”为“主题”“篇名”“关键词”进行检索，仅搜索到《也论数学核心素养及其构建》《关于数学素养测评及其践行》《学生“数学素养”指标的理论分析》3篇文章。《也论数学核心素养及其构建》一文指出，数学情感作为重要组成部分之一，和智能计算思维、数学建模、数学交流一起构成数学核心素养。刘新求认为：“数学情感是人们以数学和数学活动为客观感受对象的一种情感，是对数学和数学活动所持态度的体验，是数学和数学活动是否符合自身精神需要和价值观念的自我感受、内心体验。积极数学情感的具体表现为对数学知识的认同感、信任感和审美能力，数学学习中的好奇心、求知欲和喜悦感，对从事数学活动者的亲近感。”[21]蔡金法在刘新求提出的数学情感概念基础上，将数学情感素养界定为：“积极数学情感的表现，包括对数学知识的认同感、信任感和审美能力；在数学学习中的好奇心、求知欲和喜悦感；对从事数学活动者的亲近感。”[22]在《关于数学素养测评及其践行》一文中，徐斌艳分析比较了四国数学素养内涵，即美国的“数学自信与兴趣”、德国的“数学精神”、芬兰的“数学积极态度”、新加坡的“数学自信与兴趣”都是数学情感内容的体现。该文中详细论述了当前芬兰的数学教育“重视数学学习情感，加强培养学生对数学的积极态度”[23]；新加坡的“多样化测评及其意图表”中，情感维度体现在档案袋、写作型、学生访谈、课堂观察和学生自我评价等方面[24]。徐斌艳指出数学情感很难通过直接的、传授的教学加以培养，倡导使用问卷调查表对数学情感素养进行测评，并基于 Cai J 和梅琳娜（Merlino）的比喻调查法，列举了“数学情感测评的整体评分标准”。她在文章最后提出“将数学素养的研究从理论构建延伸至课程教学实施，再基于实践数据进一步完善素养理论”的研究展望。[25] 在《学生“数学素养”指标的理论分析》一文中，何小亚指出数学情感态度价值观是数学素养的重要组成部分，态度和情感（如自信心、好奇心、兴趣、做事和理解事情的期望）是数学素养的先决条件，数学情感同数学知识、数学能力构成数学素养的统一体。他在强调数学情感态度价值观重要性的同时，进一步列举了其涵盖的内容，即对数学有信心，认可数学的文化价值、应用价值和科学价值，能感受数学的统一性、精确性、抽象性、概括性、应用性、简洁性、整齐性、对称性、和谐性等独特之美等。[26] 另外，在《数学情感及其规律》一文中，孔凡哲和朱秉林认为数学情感是数学活动中的一种心理体验，分为数学实践感、数学美感、数学理智感和数学道德感。[27] 学者们对“数学情感素养是什么”进行了理论探讨，一致认为它是数学素养的重要组成部分。虽然关于数学情感素养主题的研究成果较少，但这一研究主题已引起相关学者关注，并为后续研究做了铺垫工作。目前研究的理论构建有待进一步完善，其概念化理论认知、教学实施的实践运用都有待深入。

在已有研究成果中，关于数学情感的内涵、构成要素、现状调查、影响因素、评价体系、生成机制、教学策略等方面内容概述如下。

1.1.1 数学情感内涵

不同国家、不同学者采用不同词语来表示数学情感，对其有不同的认识。在英文里常用的词语有 mathematics affective education，mathematics affection instruction，mathematics emotion，mathematics learning sensibility 等，用中文表达的词语有数学情感教育、数学情感教学、数学情感、数学学习情感等。波得罗夫斯基在《普通心理学》一书中写道，数学情感是指在数学活动中需要的主体与他有意义的客体对满足与否所产生的心理体验。[28] 英国学者 Fontana 对数学情感的定义是：“通过师生间真诚的、积极的情感交流而产生的和谐的、合作的教学氛围，以建立最佳的教学情境。”[29] 李捷等人指出：“数学情感就是学生学习数学的一种积极态度的体验，它包括学生学习数学的兴趣、动机、意志和自信心。”[30] 我国学者黄翔对数学情感的定义为：“使学生身心感到愉快的教育，是教育过程的一部分，它关注教育过程中学生的个性品质和情感调控能力的培养，促使学生通过内化而产生积极的情感体验，促进学生全面发展。”[31]刘海英指出：“数学情感不仅指学习数学的兴趣、热情、愿望，以及在此基础上产生的动机，更指数学学习过程的内心体验和心灵世界的逐渐丰富，进而产生不断体验、不断认识的兴趣、热情、愿望和动机，形成周而复始的良性循环。”[32]朱小蔓从道德教育视角，指出理性、严谨、审美、坚韧是数学教材情感资源。张超认为数学情感是个体对数学产生喜欢等情绪感受。[33]李尼娜提出数学情感是数学学习的愿望、兴趣、热情、动机，在数学学习过程中，个体的满足感等内心体验逐渐变得丰富。[34]何小亚认为中国学生的数学情感态度价值观应包括对数学的喜好与自信，能认识到数学的文化、科学与应用价值，以及感受到数学的独特之美。[35]这些定义均具有一定的代表性。

苏霍姆林斯基曾指出：“情感如同肥沃的土壤，知识的种子就播种在这块土壤上。”从“情感教学”“学习情感”的关系出发，卢家楣指出：“所谓情感教学，从最根本的涵义上说，是指教师在教学过程中，在充分考虑认知因素的同时，充分发挥情感的教育功能，以完善教学目标、增强教学效果的教学。”他着重从情感心理学角度对教学现象、规律及方法进行分析，并指出情感教学是“教育者对受教育者进行教育所应实施的真正教育”。[36]《数学课程标准》明确指出：“学习数学的情感，主要是指学生学习数学的兴趣、动机、意志和自信心。”[37]张妍认为：“数学情感教学是指教师在正确认识数学情感态度价值观目标的情况下，针对数学内容，通过提高学生的数学学习兴趣、端正学生的数学学习态度、培养学习动机、减少学生数学学习焦虑，从而提高学生的数学学习情感，达到预期的教学目标的行为。”[38]郭艳芬指出：“数学情感教学就是坚持以人为本的首要原则，处处为学生着想，站在学生的角度和立场思考问题，把为学生排忧解难作为数学教学工作的重要任务；树立正确良好积极的师生观，热爱理解并尊重每个学生，并把这种情感自始至终贯穿到数学教学工作的每个环节之中。”[39]陆根书认为：“数学学习情感是指学生在学习数学过程中产生的对数学的态度和内心体验，反映了学生对数学学科的热爱程度及对数学、数学学习过程、数学学习内容等产生的情感体验和感受等，是学生在学习数学的认知活动中形成的个人精神世界的反映。”[40]唐剑岚等人认为，“在数学学习中，学生数学学习的情感是学生有效学习数学的动力。学生数学学习的情感主要体现为数学学习的价值判断、数学学习的情感与态度、数学学习的兴趣与动机等方面”。[41]显然，国内外专家学者对数学情感内涵的研究有一些共同特点，即通过数学学习活动解释数学情感，从情感教学和学习情感的概念演绎数学情感，从数学情感作为促进学习的手段、作为教学情感目标的角度解读数学情感等。

1.1.2 数学情感要素

孔子在《论语·子罕》中曰："三军可夺帅也，匹夫不可夺志也。"在《论语·雍也》中曰："知之者不如好之者，好之者不如乐之者。"显然，当时孔子已认识到情感因素(包括动机、意志、兴趣等)对学习的促进作用，他在言传身教中也注重对学生的情感教育。我国著名的数学家张广厚曾说："搞数学不需太聪明，中等天分就可以，主要是毅力和钻劲。"达尔文也曾说过："我之所以能在科学上成功，最重要的就是我对科学的热爱，对长期探索的坚韧，对观察的搜索，加上对事业的勤奋。"这些名言从心理学方面提出了数学情感因素包括感情、意志、兴趣、性格、需要、目标、抱负、世界观等，并且良好的情感因素对获得成功有很大的促进作用。

1980年，我国学者杨之和郑大中在著作中倡导对数学学习动机、兴趣、态度、习惯等非智力因素(即数学情感因素)的研究。上海师范大学燕国材教授将智力以外的对学习活动起着起动、导向、维持和强化作用的个性心理(即情感因素)称为非智力因素，主要指情感、意志、性格。[42] Bloom 在 1981 年所著的《教育评价》一书中提出，数学情感包括在数学学习活动中的兴趣、愿望、态度、鉴赏、价值观、义务感或志愿感、意志力等因素。McLeod 在研究中把情感分为情绪、信念和态度。Goldin 把情感分成情绪、信念、态度和价值观，并对情感进行了详细且深入的分析。李士锜在《PME：数学教育心理》一书中指出，在数学教育心理理论中，情感因素的主要成分是信念、态度和情绪。[43] 袁慧应用情感教学心理学的一些研究成果，探讨出在数学教学中影响学生学习数学的情感因素有学习的动机与兴趣、情绪与情感、态度、意志等。[44] 根据数学课程标准和国内外数学学习情感相关文献，张研归纳出数学学习情感应包括数学学习兴趣、数学学习态度、数学学习动机和数学学习焦虑四个方面。[38] 林涵通过文献资料法、问卷调查法和访谈法，得出数学情感要素主要包含数学学习兴趣、数学学习动机、自我效能感、数学学习态度、数学学习价值观。[45] 由此可见，国内外学者都强调情绪、态度和信念等数学情感要素，其中国外学者对于情感研究的内涵揭示得非常明确。

1.1.3 数学情感评价

虽然认知和情感是数学教育内容的两个侧面，但是从学生学习的心理活动规律来看，两者是一个相互作用、不可分割的整体。正如美国教育学者 Stiggins 描述："我们经常会看到这样的现象，学生的学习失败并不是由于没有足够的智力或完成学习任务的潜能，而是因为他们不理解学习的意义，不愿意付出个人的努力，学习的动机和兴趣没有真正被激发出来；而不断出现的课业失败又逐渐夺去了原有的自信心，形成了学习中的恶性循环，以致最后失去对自己学业乃至命运的控制。"[46] 因此，教师要想帮助学生提高认知能力，使其学业得到发展，就必须从分析和评价学生的情感入手，找出阻碍他们学习进步的情感因素。

鉴于数学情感的复杂性以及评估数学情感的难度，很多研究者使用了自我报告指标，如任斌[47] 和李卓娜[34] 的问卷调查法；还有些研究者借鉴前人或是自主开发评价数学情感的量表，如徐斌艳自主研发的"数学情感测评的整体评分标准"[25]；也有些研究者采用了其他的量化指标，如体验抽样法、学习日记法等。这些量化研究方法使得我们能够接触课堂生态中数学情感的动态及变化过程。除以上量化研究方法外，也有学者采用了质性研究方法。例如，Meyer 和 J.C.Turner 等人都讨论了他们对于质性评价的使用，包括个别访谈、课堂报告分析、出声思考报告以及激活的图像记忆等。这些质性指标为我们提供了一种研究学业情境中出现的教师与学生情感的细致而深入的方法。显然，学者们在评价数学情感方面作出了巨大努力，但是对于精确测量情感，特别是在数学教育情境中，还有许多困难。[48]

1.1.4　数学教师情感

美国的多种教师证书和标准也都反映出对数学教师情感的要求，其中包括 1991 年颁布的《数学教学专业标准》、1995 年开发的《数学学科初职教师的认证和发展示范标准》、2001 年出台的《数学优秀教师标准》。这三个与数学教师息息相关的标准要求教师注重对学生数学学习过程中的情感教育。英国教育心理学家 M. 鲍门说："教师在课堂上就像一个演员在舞台上，通过衣着、声音、体态语言来传播、接收消息。"史宁中教授认为，中小学教师要热爱教育事业。[49] 这说明作为一名数学教师，首先要具备深厚的数学情感和工作热忱。姜辉研究了中小学数学教师、职前职后数学教师对数学情感教学的认识及实践，并对数学教师的情感教学能力的培养策略提出了参考性的建议。[6] 黄玲侠认为，在高等师范院校，数学情感教学可以从以下 5 个方面进行：一是培养学生良好的教师专业情意；二是充分利用、挖掘数学教学内容中的情感因素；三是建立良好的师生关系；四是注重教师自身情感的影响；五是注重学生情感的激发。[50]代新利认为，数学教师应对教材进行情感化处理，在做教学设计时多从情感角度出发，在教学过程中多使用引导式、启发式教学，引导学生从情感上一步步接受新知识，从而为灵活使用所学知识解决实际问题做好准备，最终达到提高教学质量的目的。[51]由此可以看出，数学教师的数学情感研究是个热点问题，具有一定的研究和现实意义。

1.1.5　数学情感述评

国内外专家从多视角对数学情感进行了深入探讨，主要包括以下几点：

一是数学情感与数学教材。主要研究对数学教材的设计及情感化处理，重点在于数学教师的情感教学和学生的数学学习情感活动。[52]

二是数学情感与新课程三维目标。国内教育研究者对数学情感、态度与价值观的研究大致包括四个方面：① 情感教学；② 提高学生数学学习兴趣和学习动机；③ 三维目标的结合发展；④ 培养正确的数学态度观和价值观等。

三是数学情感与教学模式。卢家楣教授认为，情感性教学模式，对提高课堂教学效率，促进学生认知学习、情感发展和调节学习心向等具有积极作用。[7]数学情感教学模式的实施，有利于教师转变教学观念，提高学生学习数学的兴趣，对学生数学情感、态度与价值观的培养具有重要意义。[53]

四是数学情感的国内外比较。关于不同国家之间数学情感教育比较的研究相对较少。在了解埃塞俄比亚使教科书内容和教育材料更加吸引学生的基础上，张维忠等结合我国义务教育数学课程标准相关研究，给出了埃塞俄比亚小学高段数学课程应更加关注学生情感态度的发展等启示。[54]

五是数学情感与标准化数学评估。数学情感引起了数学教育者的广泛关注，学生受到标准化评估的不断挑战，其中创造、应用等是体现数学情感的表现形式。[55]

六是数学情感与交叉课程项目。数学存在于历史之中，活的数学存在于活的数学史之中，活的数学情感教育讲授的是活的数学和活的数学史。将数学史、数学文化等课程融入数学课堂中，既能传承和弘扬数学文化精髓、揭示数学美，又能陶冶学生的情操，提高学生的数学学习兴趣，升华学生对数学的情感。[56]由此可见，多视角认识及研究数学情感已成为一种趋势。

1.2 数学情感素养相关研究综述

通过梳理文献发现，与数学情感素养直接相关的研究成果不多，因此有必要对其相关概念进行梳理与思考，以有利于数学情感素养的研究设计。

1.2.1 数学素养

数学素养是欧盟组织核心素养观下的一个重要内容，“运用数学”“运用数学概念及技巧的能力”也分别被列入英国、澳大利亚的核心素养观。[21]在经济合作与发展组织（Organization for Economic Cooperation and Development，OECD）和欧盟等国际组织的影响下，许多国家和地区也纷纷掀起了“核心素养观”育人的研究热潮，数学素养已是大多数国家和地区核心素养观下的一个重要组成部分。在我国，党的十八大再次明确“立德树人”的教育根本任务。作为基础学科的数学教育，不仅要肩负知识与技能的传授任务，也应肩负立德树人的育人使命，发挥独特的学科育人作用。数学素养是当前我国数学教育界一项重要的研究课题。

1. 数学素养概念

前期关于数学素养概念的梳理如下[57]：经济合作与发展组织和欧盟将“数学素养”列为核心素养观的一个重要内容，从某些方面刻画了数学素养的本质与内涵。国外侧重于采用外延定义法，对数学素养概念进行界定。如经济合作与发展组织将数学素养界定为“一种个人能力，包括能够识别并理解数学在世界中起的作用，作出有理有据的数学判断，作为一个积极、热心、反思的公民会使用数学并参与其中以满足个人生活的需要”。[58]经济合作与发展组织发起的国际学生评估项目（Programme for International Student Assessment，PISA）定义数学素养为一种个人能力，“学生能确定并理解数学的作用，能够有效地运用数学作出有根据、有理由的判断”[59]。加拿大的 Saskatchevan 定义数学素养为“学生能够理解和运用数学思想、方法，具备应用中所需要的数学知识、数学技能，并作出正确评价”。美国数学教师协会将数学素养定义为“理解数学的价值、对自己的数学能力有信心、具备解决数学课题的能力、学会数学交流和数学推理”。为了美国明天的数学素养机构认为，数学素养是一种能力，“是技能、知识、信念、思维习惯、交流能力、问题解决能力的集合体，它有助于解决人们工作和生活中常见问题”[60]。美国数学学习研究会将数学素养定义为“包含概念理解、程序流利、策略能力、合适推理、有价值的倾向”。美国《学校数学教育的原则与标准》中提出的数学素养包括数学技能、数学态度、社会能力，具体包括数学价值观的建立、对数学充满自信、应用数学解决问题的能力、数学交流和推理等。德国数学教育标准中的数学素养包括数学方面的论证、数学建模、数学表征的应用、数学符号、公式以及技巧的熟练掌握，数学交流和解决问题的能力。在芬兰 2014 年数学课程改革中列举了数学素养的一些特点，如数学的问题解决、推理、概念理解和积极态度。新加坡国家教育部门启动的数学测评策略中指出，数学素养涵盖数学方面的问题解决、推理、概念理解、技能、交流、自信与兴趣、思维的自我监控。[25]澳大利亚政策研究委员会在国际生活技能调查报告中提出“数学素养为处理生活与工作过程中数量问题所需要的知识、技能、信念、气质、思维习惯、交流能力等的集合”。南非国家数学素养课程报告中，强调数学素养与生活应用息息相关，它可以培育学习者的数字和空间思考能力，让学习者学会用数学思维来解释和分析日常生活中的问题，从而提高解决问题的能力和自信心。[61] Weintrop 提出“数据实践、建立模型与模拟实践、智能计算问题解决实践、系统思维实践”四个数学教育中的智能计算思维要素分类。[62] Cai J 提出数学建模与数学地提出问题、解决问题的核心能力密切相关，建模中提出有价值的研究问题，用数学去认识现实，这是数学素养的重要一个体现。[63]

在我国，“数学素养”一词最早见于 1992 的《数学教学大纲》，随后见诸于不同时期的各种教学大纲和课程标准中。但是，直至《义务教育数学课程标准(2011 年版)》颁布，这些政策性的文件基本都倡导“培养学生数学素养”的教学理念，但均未能给出“数学素养”的明确定义。[59]学者们各抒己见，对数学素养概念进行界定。何小亚认为，数学素养是指满足学生自身和社会发展所必备的数学方面的品格和能力，是数学的知识、能力、情感态度价值观的综合体。[26]桂德怀认为，数学素养是指数学情感态度价值观、数学知识、数学能力的综合体现。[64]

基于学术视角差异，学者们对数学素养概念的描述不同，主要有以下几种观点：

第一种观点认为数学素养是一种综合体现。王光明[65]从操作性定义界定数学素养是数学内容维度、现实情境维度、数学过程维度三个维度的综合。何小亚认为，数学素养是满足学生自身和社会发展所必备的数学方面的品格和能力，是数学知识、数学能力和情感态度价值观的综合体。[35]桂德怀认为，数学素养是数学方面的情感态度价值观、知识、能力的综合体现。[64]

第二种观点认为数学素养是一种能力。经济合作与发展组织定义的数学素养是一种个人能力，包括能够识别并理解数学的作用、作出有依据的数学判断、会使用数学并满足个人生活的需要。牛津学习中心提出的数学素养，是一种理解数学语言的能力，包括解决问题的能力、推理和分析信息的能力。苏洪雨认为，数学素养是对数学知识理解以及在数学教学活动过程中展现的数学思想方法和数学能力。[66]

第三种观点认为数学素养是修养。顾沛认为，数学素养是通过数学教学赋予的学数学、用数学、创新数学的一种修养和品质，也叫数学素质。[67]

学者们从各自视角对数学素养的概念和内涵作出了阐释和补充，使得这一抽象概念逐渐清晰和丰富。同时，上述不同观点也体现出数学素养概念、内涵的宽泛和复杂性。

2. 数学素养特征

首先，数学知识和数学活动为客观感知对象。从客观存在决定意识的哲学观点来看，数学知识和数学活动作为客观存在包含两个方面的含义：一是数学知识是培育学生数学素养的载体，任何舍弃数学知识构想数学素养培育的思想和行动都是无本之木。所以，必须把获取基本知识作为培育受教育者数学素养的重要内容；[68]二是数学活动，即数学课程学习和实践过程，最终内化为受教育者一种新价值或达到新水平。[69]

其次，后天形成且相对稳定。一方面，“素养”词源本义为“后天形成”。“素养”语出《汉书·李寻传》：“马不伏枥，不可以趋道；士不素养，不可以重国。”这强调素养乃后天形成，是训练或实践而后的获得。同理，逐渐养成的数学能力或习惯也需要个人长期数学思维的实践。另一方面，素养强调“相对稳定”。按照强度和持续时间不同，可将心理特征分为三类：一类是微弱、平静而持久的；一类是强有力、稳定而深厚的；一类是强度很高但持续时间很短的。数学素养应该是指前两类“相对稳定”的心理特征，如数感、符号和模型意识、几何直观、空间观念、数据分析、运算和推理能力等，而非数学实践过程中产生的狂喜、愤怒、恐惧、绝望等情绪。立德树人的教育思想强调数学的育人功能，因此，“后天形成且相对稳定”是数学素养概念的实质特征。

最后,是特定情境应具备的。特定情境是各种核心素养观的一个共识。例如,经济合作与发展组织强调核心素养是"满足特定情境中复杂需要"的能力,欧盟认为核心素养是"适用于特定情境"的知识、技能和态度的集合"。这两个国际组织提出的"情境"主要指个人情境、社会情境和职业情境。Woodruffe认为,素养是完成某一情境工作任务所必需的一系列行为模式。[70]张华强调,素养是在特定情境中,人综合运用知识、技能和态度解决问题的高级能力与人性能力。[71]褚宏启认为,素养是人在真实情境中作出某种行为的能力或素质。[72]国际组织和学者们均强调了"特定情境"。真理具有相对性,只有在特定条件下才会成立。人们对自然界或社会的正确认识,都是在一定条件下或范围内形成的。例如,特定情境下的职业情境核心素养各不同,"服从"是军人的核心素养,而对追求"创新"的科学家而言,服从作为其核心素养就显得不适宜了。因此,"特定情境"是数学素养成立的前提条件。任何抛开特定情境或预期特定情境谈数学素养的研究都是不恰当的。

通过学者们对数学素养概念的阐释,得出其特征包含"数学知识和数学活动""后天形成且相对稳定""是特定环境应具备的"。由于数学素养还处于理论研究阶段,因此相对薄弱的数学情感素养的概念还有待界定与明确。

3. 数学素养结构

经过文献梳理发现,仅从概念和特征认知数学素养是不够的,还需进一步探析其结构,使这些抽象的、彰显数学学科特征的素养变得显性化与可操作。[65]学者们关于数学素养的维度、要素、指标内容等研究如下:

何小亚总结出数学素养经历了"知识取向素养观""知识+能力取向素养观""多维度取向素养观"三个阶段。多维度取向的数学素养观是当今的学术共识,也是审视数学素养外延的一个重要途径。下面对多维度的数学素养观定义进行梳理,并列举国内学者、国外机构划分的数学素养外延,具体如表1.1、表1.2所示。

表1.1、表1.2中数学素养的结构描述均含有"数学知识""数学技能",同时还有一个共同关注的领域,即数学非智力因素。几乎所有数学素养的概念都体现出对非智力因素的关注,例如,数学情感态度价值观、数学认知心理、数学意识、数学美学价值、数学人文精神、数学思维品质、数学思想观念、数学自信和兴趣、数学态度、数学信念和价值等。正如燕国材所说,人的全部心理活动分为智力因素和非智力因素,[73]所以数学素养也应该是智力因素和非智力因素的统一体。

表1.1 国内学者划分的数学素养外延

作者	年份	数学素养外延
曹才翰	1999	数学的抽象能力、应用数学的能力、推理能力等[74]
王子兴	2002	数学知识、数学能力和数学思想观念等[75]
朱德江	2004	数学知识、数学技能、数学能力、数学观念和数学思维品质等[76]
郑强	2005	基础知识与技能、数学能力、数学思想方法、数学观与数学人文精神
张亚静	2006	数学知识和技能、数学的应用意识和思想方法、数学美学价值的欣赏[77]
桂德怀	2008	数学情感态度价值观、数学知识、数学能力
苏洪雨	2010	数学知识、数学能力，还包括数学文化、数学认知心理等
朱长江	2011	数学知识、数学能力、数学文化、数学认知心理等[78]
戴雄燕	2011	数学知识、数学应用、数学思想方法、数学的思维以及数学精神[79]
潘小明	2012	数学的知识成分、数学的观念成分和精神成分[80]
张奠宙	2013	知识观念、创造能力、思维品质、科学语言[81]
何小亚	2014	数学方面的运算、推理、意识、思想方法、情感态度价值观
王光明	2016	数学内容、数学建模、数学眼光、数学思维、数学语言
王娅婷	2017	数学知识、数学能力、数学情感态度价值观[82]

表1.2 国外划分的数学素养外延

国家	数学素养外延
澳大利亚	技能、知识、信念、气质、思维习惯、交流能力、问题解决能力
美国	理解、计算、解答和推理的超越、个人对数学的价值倾向
南非	发展数字和空间思考能力，学会解释和以批判的观点去分析日常生活，提高解决问题的能力和自信心
美国	数学问题解决、数学推理、认识数学价值、数学交流、数学自信与兴趣
德国	数学问题解决、数学推理与方法、认识数学价值、数学交流、数学精神
芬兰	数学问题解决、数学推理、数学概念理解、数学积极态度
新加坡	数学问题解决、数学推理、数学概念理解、数学技能、数学交流、数学自信与兴趣、思维的自我监控[25]
加拿大	数学思想和方法、数学知识、数学技能
新西兰	数学自信、数学能力[60]

上述数学素养概念对其包含的非智力因素有不同的词条命名，笔者将其统称为数学情感素养。因此，数学素养的结构包含数学知识素养、数学技能素养、数学情感素养三部分(图 1.1)。

数学素养
- 数学知识素养、数学技能素养——智力因素
- 数学情感素养——非智力因素

图 1.1　数学素养的结构

王光明教授对数学素养进行了操作性概念定义，从数学情境、内容领域和数学过程三个维度出发，进一步划分下级指标，构建了数学素养模型。何小亚教授在明晰数学素养构成要素的基础上，进一步构建了适用于小学、初中、高中阶段的数学素养模型。桂德怀的数学素养指标体系包括数学知识(数与运算、代数、几何、度量、概率、统计、离散数学)，数学能力(计算能力、论证能力、建模能力、推理判断能力、交流能力、鉴赏能力、使用工具和技术能力、问题解决能力)，数学态度价值观(兴趣与爱好、数学信念、数学意识与倾向、数学气质)。这些学者们推进了数学素养的理论研究，也为构建数学素养指标体系的研究提供了重要的参考价值。

4. 数学素养述评

数学情感素养是数学素养的重要组成部分。数学情感素养是数学素养的非智力因素，同智力因素相比，学者们对其关注不够，研究成果较少。不少学者都强调要将非智力因素融入“数学抽象、逻辑推理、数学建模、直观想象、数学运算、数据分析”这 6 个智力因素的培养过程中。因此，数学情感素养的概念化研究有待进一步澄清。

通过梳理文献发现，对于数学素养的结构，目前学术界没有统一、共识性的认识[84]，关于数学素养的研究整体上还处于理论研究阶段。数学情感素养的概念、内涵和外延需要学者们对数学素养进行操作性概念界定、数学素养模型建构和指标体系设计等研究后，[64]再为数学情感素养的维度划分和指标体系构建提供方向和参考价值。

从数学素养的研究现状来看，在丰富和完善数学情感素养理论研究的同时，也需要进一步推进并落实其实证研究。王光明教授结合国内外教育测评专

家的意见，构建了高中生数学素养的操作定义，并进行了试题检验。卢家楣教授致力于“情感素质”主题研究，编制具有两层面六大类33种情感结构的“中国大学生情感素质问卷”，对大学生情感素质进行了实证研究。[85]通过问卷调查、访谈和实验等实证研究，突破了纯经验性总结、文献分析、思辨等惯性思维，也为国内实证研究提供一定的方向指引。推进实证研究，落实数学情感素养育人目的，是将立德树人根本任务落到实处的重要手段。[86]

1.2.2　数学核心素养

数学核心素养，是中国学生发展核心素养体系研究的一个重要分支。

1. 数学核心素养观

国内学者认数学核心素养包含智力和非智力两个方面的要素，具体如表1.3所示。蔡金法认为，数学核心素养包括数学交流、数学建模、智能计算思维和数学情感。尤其是在论述数学素养认知成分时，他强调非认知因素尤为重要，即数学知识的认同感、信任感和审美能力等积极性数学情感有助于数学核心素养发展。[21]马云鹏认为，数学核心素养是指学习者在数学实践活动中所应形成的综合性能力，包含数学方面的知识和技能、数学本质与思想。核心素养反映数学本质与数学思想，既基于数学知识和技能，但又超越于具体的数学知识和技能，是在数学学习过程中形成的，具有综合性、阶段性和持久性[87]特征。武小鹏认为，数学核心素养的构建分为知识、能力、情感和经验4个方面。[68]孔凡哲基于“后天习得的、与特定情境相关的、通过人的行为所表现出来的知识、能力和态度，综合表现为学识特征、能力特征、品质特征”的核心素养概念的认知基础上，提出针对于我国各个学段学生发展的数学核心素养，即学生应具备的、能够适应终身发展和社会发展需要的、起主要作用的数学素养。具体包括3个方面：一是学生经历数学化活动而习得的数学思维方式；二是学生数学发展所必需的关键能力；三是学生经历数学化活动而形成的数学品格及健全人格。其中，关键能力包括数学抽象能力、数学推理能力、数学建模能力、直观想象能力、运算能力、数据分析观念；心理品格主要包括性格、兴趣、动机、意志、情感等方面。[88]

表 1.3　数学核心素养要素

作　者	年　份	智　力　要　素	非智力要素
马云鹏	2015	数学知识、数学技能	数学本质与数学思[87]
张维忠	2016	数学知识、数学能力	数学态度[89]
蔡金法	2016	数学交流、数学建模、数学智能计算思维	数学情感[21]
孔凡哲	2017	数学思维方式、关键能力	学品格及健全人格[88]
武小鹏	2018	数学知识、数学能力、数学过程、数学经验和思维	数学情感[68]

《普通高中数学课程标准(2017 版)》将数学核心素养定义为"是具有数学基本特征的思维品质、关键能力以及情感、态度与价值观的综合表现,是在数学学习与应用的过程中逐渐形成与发展起来的,包括数学抽象、逻辑推理、数学建模、直观想象、数学运算和数据分析"[90],具体如表 1.4 所示。

表 1.4　《普通高中数学课程标准(2017 版)》关于数学核心素养构成要素的划分

外　延	构　成　要　素
数学抽象	抽象出数学概念及概念之间的关系、从具体中抽象出一般规律和结构、数学语言予以表征
逻辑推理	从特殊到一般的推理(归纳、类比)、从一般到特殊的推理(演绎)
数学建模	基于实际问题建立模型、确定参数并计算求解、检验并改进模型解决问题
直观想象	借助空间形式认识事物、利用图形描述和分析数学问题、构建数学问题的直观模型,探索解决问题的思路
数学运算	理解运算对象、掌握运算法则、探究运算思路、选择运算方法、设计运算程序、求得运算结果等
数据分析	收集数据、整理数据、提取信息、构建模型、进行推断、获得结论

由上可见,新课标将"情感、态度与价值观"这一非智力因素的培养贯穿或融入数学素养的 6 个要素的课程学习过程中。如通过高中数学课程的学习,用数学抽象培养学生的思维方式和解决问题的能力,用逻辑推理培养学生"重论据、有条理、合逻辑的思维品质和理性精神",用数学建模来提升学生的"实践能力、增强创新意识和科学精神",用直观想象培养学生"在具体的情境中感悟事物本质"的能力,用数学运算来养成学生"一丝不苟、严谨求实的科学精神",用数据培养学生"分析通过数据认识事物的思维品质"。[90] 新课标中,数学核心素养在表述方式上将两者整合在一起,是以智力因素为外显而非智力因素内隐的方式表述。

2. 数学素养与数学核心素养的比较分析

数学素养是学者们较为关注的一个研究主题，尤其是在经济合作与发展组织和欧盟等国际组织将“数学素养”列入其核心素养观后，[21]数学素养被再次推向研究高潮。2018年1月，教育部印发了《普通高中数学课程标准(2017年版)》，“数学核心素养”再次成为国内数学教育领域研究的一个热点。那么，“数学素养”和“数学核心素养”的联系与区别是什么呢？通过上述对数学素养、数学核心素养“是什么”和“包含什么要素”的问题探讨，发现两者之间的逻辑关系如下：

(1) 相同点

第一，两者的共同诉求是育人，即数学知识和学习过程中最终培养什么样的人。无论数学素养的“知识、技能、情感态度价值观”，还是高中生数学核心素养的六要素，其概念上都强调育人的综合性作用。两者均是全面贯彻党的教育方针，践行社会主义核心价值观，落实立德树人的根本任务。

第二，强调数学学科特征。数学素养是数学学科独特育人作用的外在表现，这已是国内外相关研究者的一个共识。新课标中强调：“数学核心素养是‘具有数学基本特征’。”[90]史宁中阐释的数学核心素养的学科特征是“会用数学的眼光观察现实世界，会用数学的思维思考现实世界，会用数学的语言表达现实世界”。[86]数学核心素养的核心在于，从数学的视角发现问题、提出问题并加以分析和解决的综合素养。[88]

第三，强调后天培养性，即数学核心素养可以通过后天培养习得。如新课标提出数学核心素养“是在数学学习与应用过程中逐渐形成与发展起来的”。[90]史宁中认为数学核心素养“是一个人‘经过数学教育后’应当具有的数学特质”。[86]孔凡哲认为数学核心素养“是学生‘历数学化活动而习得’”。[88]无论是数学素养还是数学核心素养，两者的上位概念“素养”词义强调“后天培养”，正体现了教育的育人功能。

第四，智力和非智力因素的二元统一的共识。在数学素养的概念内涵上，表现为“知识、技能、情感态度价值观”三个方面，且将智力因素和非智力因素同等并列，是国内外学者对数学素养的共识。在数学核心素养内涵上，非智力因素被融入在六大类智力因素中，体现了智力因素和非智力因素育人作用的二元统一的共识。

(2) 不同点

第一，研究背景不同。数学素养，是国内外共同关注的一个研究主题，它是基于数学学科特性的研究，是核心素养观的一个重要组成部分。而数学核心素养，是一个本土性概念，在我国首创性提出，是我国大学生核心素养观下的一个重要分支，是落实到高中阶段的数学教育应培养出什么样的人的具体应用。

第二，特定情境不同。如经济合作与发展组织认为数学素养指“运用知识、技能和态度满足特定情境中复杂需要的能力”，欧盟认为，数学素养是“适用于特定情境知识、技能和态度的集合”。[72]数学素养侧重的情境是“课堂教学活动”，而数学核心素养面向的情境是“数学知识应用活动”。张晋宇从系统生成论的角度，论述“核”是一个相对性的概念，关于哪些要素是“核”的判断，应结合具体情境，而不应割裂和僵化地看待，这也是系统价值整体涌现性的体现。[92]

第三，要素不同。数学素养包含“知识、技能、情感态度价值观”三个要素。数学核心素养在新课标中表述的六大核心要素有“数学抽象、逻辑推理、数学建模、直观想象、数学运算、数据分析”。两者要素的差异源于特定情境的不同，即数学素养探讨的是“通过数学教学应该培养学生哪些素养”，数学核心素养探讨的是“在诸多数学素养中又有哪些是核心素养”。

第四，智力和非智力因素表述方式不同。虽然数学核心素养和数学素养一样，同样包含智力因素和非智力因素两个方面，但是两者在表述方式上存在差异。大多数学者将数学素养的非智力因素和智力因素并列表述，非智力因素词条外显；而在数学核心素养中，非智力因素被整合且内隐于智力因素中，它们不是并列关系，而是依附式关系。有学者对数学核心素养这样评价：“使得学生的数学思维品质、情感、态度与价值观等非智力因素表现为内隐性，而学生的关键能力这类智力因素表现为外显性。”[87]

3. 数学核心素养述评

首先，理论研究有待丰富，尤其是非智力因素的理论研究。

通过梳理数学素养和数学核心素养的相关文献发现，虽然两者有着共同的育人目的，但“核心”二字不仅体现了内涵的差异，而且也体现了已有研究成果的厚薄之处。数学素养，无论是在国内学者的视野里，还是在国外组织或机构中的定义中，均包含“知识、技能、情感态度价值观”三个方面的要素。数学核心素养，在国内学者的概念界定中，也均强调了“知识、技能、情感态度价值观”3个方面的要素。从智力和非智力因素的二元分类视野下分析新课标中的数学核心素养，其中智力因素明晰为六大类，且各类指标的下一级划分较为清晰，形成了一个指标体系或模型框架的雏形，非智力因素被整合并依附于六大类智力因素。因此相对于智力因素的研究成果来说，要进一步深入研究数学核心素养的非智力因素。鉴于数学核心素养立德树人的独特且重要的育人作用，构建非智力因素方面的指标体系是一个亟待解决的新突破点。

数学素养的非智力因素有待达成共识性的命名。在国内外学者们的不懈努力下，数学素养的三要素基本澄清，智力因素包含“知识、技能”。而非智力因素目前表述较为混乱，学术界对此表述不一，如“数学情感态度价值观”“数学精神”“数学态度”“数学自信和兴趣”等。同样，在新课标的数学核心素养表述中，对非智力因素的表述也是隐含地“整合”在智力因素中，有待清晰、明朗和概念化。鉴于数学素养的非智力因素这一领域复杂性，需要一个词条，即能涵盖大多数学者认可的非智力因素的词条。

其次，有待推进实证研究。

无论是数学素养还是数学核心素养，对其概念化认知的目的，是使这一抽象而模糊的概念变得具体化和可操作化，最终对其落地生根地付诸实践，是一个从丰富和完善数学素养的理论研究，到推进并落实其实证研究的过程。欧美国家在数学素养研究方面已有了比较成熟的实践操作和成果，特别是在实践方面，已有关于数学素养测量、教学方式、教师教育以及学生评价等方面的研究。[65]国外学者已对数学素养的影响因素、评价等核心内容进行了相应的研究，而国内对这方面的研究尚未充分开展，或者说研究数量有限、不够系统。[61]因此，目前国内相关研究需要重点考虑该如何进行测评等实证研究，尤其是在非智力因素方面，它是个体对数学的感受、内心体验，具备固有的内隐性，因此，增强其外显性和测评的可操作性迫在眉睫。如何将素养的理论研究推进到实证研究，是下一步研究的方向。

1.2.3 情感素养

截至2017年，在中国期刊网以“情感素养”为“主题”“篇名”“关键词”进行检索，共搜索到26篇核心期刊，仅有3篇论及情感素养的概念或内容。在《论大学老师的情感素养》一文中，何齐宗认为大学教师的情感素养是指大学教师对待职业、家庭、人际关系及自我实现等综合情感的内在涵养与外在表现，主要包括家庭情感、职业情感、自我实现的情感、社交情感。[93]在《论高校党校教师的情感素养及其塑造》一文中，王守法认为高校党校教师的情感素养是指高校党校教师在工作和活动中表现出来的对待党和国家方针政策、对待社会风气与思想意识的内在体验与外在表现，主要包括坚定深厚的爱党爱国情怀、积极良好的道德情感、宽容稳定的心理情绪。[94]在《教师情感素养：教师专业发展的内在源泉》一文中，马多秀认为教师情感素养包括情感意识、情感体验和情感能力。[95]通过梳理文献发现，由于情感素养方面的研究成果不多，因此有必要回溯到其上位概念"情感"。在对"情感"进行梳理时发现，"情感素质"是情感领域研究成果较多的一部分，故下文将对"情感"和"情感素质"进行分析研究。

1. 上位概念："情感"

通过检索中国期刊网（学术趋势）发现，1997—2017年，"情感"的学术关注度呈上升趋势。以"情感"为主题，筛选"核心期刊"，检索出文章22741篇（图1.2）。通过梳理发现，情感研究的领域较广，涉及心理学、教育学、社会学和哲学等。

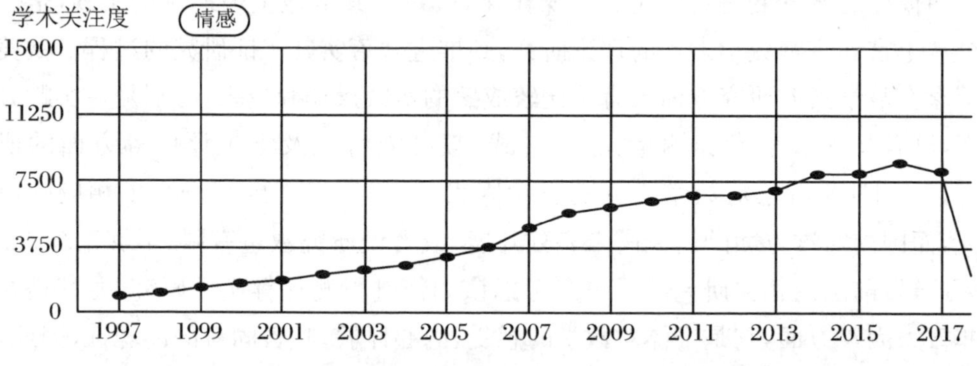

图1.2　"情感"学术关注度统计图（1997—2017年）

（1）情感在心理学研究领域的研究

主要有以下文献：《基于深度信念网络的语音情感识别的研究》[96]、《轻型评论的情感分析研究》[97]、《雅安地震后红十字会的公众信任研究——基于微博数据的网民情感分析》[98]、《员工感知的企业社会责任、情感承诺与组织公民行为的关系——承诺型人力资源实践的跨层调节作用》[99]、《社会责任背景下企业联想对品牌态度的内化机制研究——基于互惠与认同视角下的理论构建及实证》[100]、《教师职业认同与情感承诺的关系：工作满意度的中介作用》[101]、《亲环境行为研究中情感的类别、维度及其作用机理》[102]、《个人—组织价值观契合如何影响员工的态度与绩效——基于竞争价值观模型的实证研究》[103]、《生活事件对情感和行为的影响：理论比较与启示》[104]、《积极情感和消极情感适应的不对称性及其机制探讨》[105]、《亲子依恋、同伴依恋与青少年消极情感的关系:有调节的中介模型》[106]、《品牌信任和品牌情感:究竟谁导致了品牌忠诚?——一个动态研究》[107]、《网络环境下第三方评论对冲动购买意愿的影响机制:以产品类别和评论员级别为调节变量》[108]、《物理温度向社会情感的隐喻映射:作用机制及其解释》[109]、《领导者情感的作用机制:一个跨层的整合观点》[110]、《儿童基本心理需要满足对上网行为和上网情感的影响:一项追踪研究》[111]、《中小学班级氛围、班主任情感素质对青少年学生情感素质的影响:基于多层线性分析》[112]、《"右好左坏"和"左好右坏"——利手与左右空间情感效价的关联性》[113]。

(2) 情感在社会学研究领域的研究

主要有以下文献:《社会情感财富与企业慈善捐赠行为——基于全国私营企业调查的实证研究》[114]、《社会化媒体用户的情感体验与满意度关系——以微博为例》[115]、《创始爱心资金获取:情感信任还是能力信任》[116]、《员工-组织价值观匹配影响建言行为的机制》[117]、《员工情感与创造力:一个动态研究模型》[118]、《基于时空路径的旅游情感体验过程研究——以香港海洋公园为例》[119]、《西方地理学"情感转向"与情感地理学研究述评》[120]、《变革型领导与工作投入:基于情感视角的调节中介模型》[121]、《群体性事件的情感逻辑以DH事件为核心案例及其延伸分析》[122]、《薪酬分配差异一定会降低员工情感承诺吗——薪酬水平、绩效薪酬强度和员工多元化的调节作用》[123]、《基于微博文本数据分析的社会群体情感可视计算方法研究》[124]、《转型期的家庭代际情感与团结——基于上海两类"啃老"家庭的比较》[125]、《以安顿生命为目标的研究方法——卡洛琳·艾理斯的情感唤起式自传民族志》[126]、《组织变革背景下员工角色超载的影响作用:一个有调节的中介模型》[127]。

(3) 情感在哲学研究领域的研究

主要有以下文献:《认知视野中的情感依赖与理性、推理》[128]、《从"情本体"反思政治哲学》[129]、《梅洛·庞蒂身体哲学视域下的体验设计》[130]、《情感与存在:儒家德性精神现代振兴的方法论构建——基于一种人类情感启蒙的视角》[131]、《智性的情感——康德道德感问题辨析》[132]、《从"理性认识"到"意识呈现":休谟道德哲学建构的情感逻辑》[133]、《"法律、理性与情感"的哲学观照——第27届IVR世界大会综述》[134]、《关于"情本体"的中国哲学对话录》[135]、《情感与存在及正义问题——生活儒学及中国正义论的情感观念》[136]、《西方遇见东方——斯洛特、蒙培元情感价值体系比较》[137]、《"愤怒"情感隐喻视阈中的体验哲学管窥》[138]、《理性与情感的张力——评休谟的道德哲学》[139]、《理性、情感与道德区分——兼论苏格兰启蒙运动中情感主义学派的论证及意义》[140]、《张载与王夫之的道德心理哲学》[141]、《道德感动与伦理意识的起点》[142]。

(4) 情感在教育学领域的研究

主要有以下文献:《高低情感开放性者概率内隐序列学习进程差异》[143]、《对情感教学心理研究的思考与探索》[144]、《国际教师情感研究进展的可视化分析及其启示》[145]、《教师情感研究综述:概念、理论视角与研究主题》[146]、《建设情感文明:当代学校教育的必然担当》[147]、《中国当代大学生情感素质的现状及其影响因素》[85]、《职业院校教师情感承诺与职业倦怠的关系:情感承诺的中介作用和职称的调节作用》[148]、《CSCL 合作问题解决过程中情感支持框架探析》[149]、《国外情感教育研究的进展与趋势述评》[150]、《情感:情境教育理论构建的命脉》[151]、《"智能学伴"在小学游戏化学习社区中的情感交互设计》[152]、《教学符号互动:课堂情感机制生成的重要路径——符号互动论的视角》[153]、《留守儿童情感教育的媒介化"补偿"机制探析》[154]、《中小学班级氛围、班主任情感素质对青少年学生情感素质的影响:基于多层线性分析》[112]、《中国当代大学生人际情感现状调查研究》[155]。此外,《情感教育研究的回顾与展望》一文阐述了情感分类研究是情感教育研究深化的趋势,即情感的状态分为正性和负性情感;情感的品种分为被承认感、自我悦纳感、共通感、亲近感、联系感、惬意感、依恋感、安全感等;情感的品质分为责任感、奉献、宽容、热忱、真诚等[156]。

上述文献梳理看出,情感在教育学研究领域中,不仅占据重要的地位,而且研究内容也较为广泛。同样是教育范畴下情感问题研究,因研究者关注的主体不同,侧重情感研究内容可能有所不同,因而需要进一步全面、深入地了解研究。

(1) 情感研究主体

首先,以学生情感为研究主体。卢家楣关于学生情感的研究有:《中国当代大学生情感素质的现状及其影响因素》[85]、《当代大学生道德情感现状调查研究》[157]、《对中学教学中运用情感因素现状的学生调查》[158]、《中国当代青少年人际情感现状调查研究》[159]。项茂英对非英语专业学生进行了抽样问卷调查,探究大学英语教学中的情感因素。[160]郭继东探究了学生英语学习情感投入的构成及其对学习成绩的作用机制。[161]刘伟对中国当代大学生生活情感现状进行了调查。[162]王俊山对中国当代大学生人际情感现状进行了调查。[155]竺培梁对中国当代青少年情感能力现状进行了调查。[163]贺雯对中国当代青少年审美情感现状进行了调查。[164]

其次,以教师情感为研究主体。张文海研究了教师情感能力发挥的不同调控作用。[165]王凤英研究了教师情感在教育教学中的重要地位。[166]胡亚琳界定了教师情感研究的核心概念,并探讨其理论视角转向。[146]罗杰探究了教师职业认同与情感承诺的关系。[101]康勇军探讨了心理契约履行对教师职业倦怠的影响作用机制。[148]古海波研究了外语教师的情感体验及影响因素。[145]邵光华对国外教师情感研究发展脉络、研究现状与趋势进行了分析与述评。[167]张意忠探讨了教师职业情感的生成与培育。[168]马多秀探索了教师专业发展的情感维度。[169]何齐宗研究了大学教师的情感素养。[93]赵鑫研究了教师情感发挥积极作用的方法。[150]钟芳芳研究了教师关切情感的异化。[170]

再次,以教材内容情感为研究主体。卢家楣关于教材内容情感的研究有:《教材内容的情感性分析及其处理策略》[171]、《发掘情感策略的实验研究》[172]、《教学内容的情感性处理策略》[173]。姜莲玉研究了初中语文教材中蕴含的情感及教学策略。[174]王较过研究了教材蕴含的价值与培养学生正确情感态度与价值观的关系。[175]范琳研究了大学英语教材内容的情感性处理问题。[176]胡家会研究了教材内容情感信息多元化的问题。[177]乔建中论述了教材内容在促进教学目标达成和学生主动发展上的情感价值。[178]邬芳琴探讨了挖掘教材中的情感因素。[179]

最后,以课堂教学情感为研究主体。卢家楣借鉴布鲁姆情感目标分类思想,构建了课堂教学情感目标分类框架;[180]以情感教学心理学理论为依托的,探讨了一种新型情感教学模式;[181]编制了"教学领域的情感目标测评问卷",对其形成性进行评价研究。[182]孙卉研究了情感教学模式关注学生的情感发展。[183]潘炳超构建了"情知交融"网络教学模式。[184]刘玉娟对中职学生的英语教学状况进行了分析,探寻以趣育情的情感教学模式。[185]郭瑜洁在《护理学基础》课程教学中,探寻护理人文关怀教学模式。[186]郭惠秋根据多年高校体育舞蹈的教学实践和教学模式的理论,构建了"合作—情感"的教学模式。[187]肖骁针对我国当前数学教学存在的问题,构建了数学情感性教学模式。[188]

(2) 情感研究方法

若要研究一个主观性概念,决定其成败的关键是所采用的研究方法。通过梳理文献中的优点、可借鉴工具和成果,以及非相关领域或相邻研究领域值得借鉴的东西,可以为本书研究方法的选择提供参考。

一是以文献资料法为主。例如,邵光华的《国外教师情感研究与启示》[167]。

赵鑫的《国外情感教育研究的进展与趋势述评》[150]，胡亚琳的《教师情感研究综述：概念、理论视角与研究主题》[146]，李润洲的《“情感态度与价值观”教育的目标设定与实现路径》[189]，毛豪明的《当代中国情感教育理论研究检视》[190]，柴素芳的《大学生幸福观教育之道德情感维度》[191]，刘志山的《道德教育向现实生活的回归与超越》[192]，张淑燕的《和谐社会构建与情感教育》[193]，唐柏林的《当代大学生情商教育基本策略》[194]，张淑燕的《关于情感教育回归生活世界的思考》[195]，李红恩的《教师的教育情感：内涵、构成与启示》[196]，李建华的《情感教育：人文知识内化为人文素质的机制》[197]。

二是以问卷调查法为主。使用问卷调查法的有：卢家楣的“中学教学中运用情感因素的现状调查”[158]、“教学领域的情感目标测评问卷”[182]、“青少年理智情感问卷”[198]、“中国大学生道德情感问卷”[157]、“中国大学生情感素质问卷”[85]，李永鑫的“Mael 组织认同问卷”[199]，何齐宗的“大学教师的情感素养问卷”[93]，贺雯的“青少年审美情感问卷”[164]、“中国大学生审美情感问卷”[200]，竺培梁的“青少年情感能力问卷”[163]，刘伟的“青少年生活情感问卷”[201]，陈宁的“大学生道德情感问卷”[202]，张文海的“情绪调节问卷”“气质问卷”、“教师情感能力问卷”[165]，胥兴春的“中学生感知的教师情感支持问卷”[203]，王俊山的“中小学班主任情感素质”[204]、“中国大学生人际情感问卷”[155]。卢家楣在语文教学中采用发掘情感策略进行现场教学实验研究[172]，他还用多层线性模型方法对班主任情感素质、青少年情感素质进行测量分析[112]。缪连芬采用 Weka 生成决策树模型，并对该模型进行评估检验。[205]

(3) 情感影响因素

卢家楣通过研究发现，大学生情感素质的影响因素为对舆论的关注、自我高要求、良好的人际关系、民主的家庭教养方式、对核心价值观的认同等。[85]贺雯发现，影响大学生审美情感的主要因素为自我要求、舆论关注和价值认同。[164]王俊山发现，中小学班主任情感素质的影响因素为人格特点、读书状况、家庭态度、教师生活满意度、学校声誉、领导风格、教师关系等。[204]胡丰峰发现，青少年自强感的影响因素为学校氛围及社会榜样、教师同伴支持、竞争压力。[206]皇甫倩发现，高中化学课堂参与度的外部影响因素为学校、教师、班级、同伴，内部影响因素为个人意志和学习动机。[207]宁金平认为，高校教师积极教学情感的影响因素为教学激励机制、学校的职称评审制度、教学成就感、教学理想、自我职业认同等。[208]钟志勇发现，数学情感、自信心与价值观的影响因素为价值观、家庭教育、语言。[209]林涵提出，高中数学情感目标实施的影响因素为家庭、教师和高考。[45]

(4) 情感述评

首先,从上述文献中可以看出,情感研究领域十分广泛。从哲学角度来看,情感归属于意识领域,具备人的主观能动性,任何客观事物都可以在人脑中引起情感的变化。因此,情感研究可能涉及任何一个领域、任何一个研究对象。由此带来的问题是,虽然本书的情感研究范畴属于教育学领域,但是研究对象是形形色色的,故在研究前,有必要对本书研究范围的界定提出要求。

其次,文献资料法和问卷调查法是情感研究最主要的方法。文献资料法主要用于对情感概念、内涵、维度、教育意义等方面的论述,并结合逻辑分析对情感进行界定。文献资料法主要用以阐释情感"是什么"和"怎么样"的问题。问卷调查法是在文献资料的基础上,进一步深入研究采用的主要方法,常借用计算机和相应的统计软件对问卷进行分析。问卷调查法主要是用来揭示"怎么样"的问题。所以,文献资料法和问卷调查法是情感理论研究的有效手段。采用"文献资料法+逻辑分析法"界定的概念,难免受到研究者个人研究视角、专业知识、能力水平等因素影响。因此,为了避免研究者个人局限的影响,还应采用专家咨询和访谈法来辅助概念的界定。

最后,情感的影响因素很多,包括外部因素和内部因素、个体主观因素和群体环境客观因素、直接影响因素和客观影响因素、主要因素和次要因素、先天因素和后天因素等。研究目标不同,研究对象则不同,研究内容的侧重点也不同,因此研究者眼中的影响因素也会不同。所以,本书研究中的师范生数学情感因素是一个需要认真权衡的问题,对其影响因素的分析不可能面面俱到,但也不可能以偏概全。因此问卷调查是获得第一手资料的有效手段,通过借鉴已有的问卷调查内容和程序步骤,将有利于情感素质影响因素的研究。

2. 邻近概念:"情感素质"

(1) 情感素质的概念

从词义索源看,情感素质是一个多领域、跨学科的概念,演变至今,它更多地用于教育学和心理学研究领域中。情感素质教育观一切以人为出发点,强调的是"以生为本"的人文关怀,目的是解决培养什么人、怎样培养人的核心问题,主要是为促进学生的全面发展,提高学生勇于探索创新精神、服务国家人民的社会责任感和善于解决问题能力。[210] 为此,不少学者已经展开了情感素质探索。

卢家楣等定义情感素质为个体在遗传与环境共同作用下，经实践形成相对稳定的、基本的、与人生各阶段发展相适应的积极情感心理特征。[211]王俊山指出，大学生人际情感是大学生对自己与他人相处及交往活动时产生的一种内心体验。[155]席云玲将情感素质界定为交流主体通过表情、语调、动作等变化表达内心的真实感情，并使交流客体产生情感共振程度。其衡量标准为是否具有激发客体情感共鸣力。[212]王颖卓通过解读贾宝玉、林黛玉的爱情，认为爱情是情感素质的重要组成部分，并以此为出发点，论述如何提高大学生情感素质。[213]沈洪虽然没有直接给出情感素质的概念界定，但他认为情感素质具有道德感、美感、理智感 3 种特征。[214]张雷声认为，情感素质是教师通过表情、语调、手势、动作等变化，表达内心真实感受，增强课堂教学感染力，引起学生感情共鸣，建议教师应从稳固性、纯洁性和深度性来提升自身情感素质。[215]马多秀指出，教师情感素质包括积极情感定势、强烈情感意识和较强情感能力[169]。刘峥嵘定义情感素质是教师以爱为核心成分的教育价值方式、教育风格类型及教育行为艺术组成的综合体。[216]

根据逻辑学中“概念＝种差＋邻近属概念”的定义，笔者对卢家楣及其科研团队下的情感素质概念从属概念和种差两个方面进行了解读：首先，“情感”是其研究中情感素质的属概念；其次，“稳定的”“基本的与其发展阶段相应的”“积极的”是其种差。

卢家楣关于情感素质的概念中，认为素质和素养在教育学中几乎是同义的概念。正如陈佑清认为，素质和素养都是指人在学习发展中形成的内在的、相对稳定的身心方面的特征，对是人的活动状况起决定性影响作用。也就是说，素质或素养是人们在学习发展中形成的对人的活动状况产生根本影响的特征。通常用素质或素养来表征人的发展状况，因此有“某人有或没有素质（素养）”“某人有较高或较低的素质（素养）”等说法。[217]顾沛认为，数学素养是通过数学教学赋予学生的一种学数学、用数学、创新数学的修养和品质，也可以叫作数学素质。深究“素养”和“素质”的差异，素养更加强调后天形成，强调训练或实践而后的获得。例如，在《辞海》中，“素质”被定义为“人生理上的固有特点、事物的本质、完成某活动必需的基本条件”。虽然在教育中，“素质”被认为是人在先天生理基础上，在后天环境和教育影响下，通过自身认识和社会实践形成的相对稳定的基本品质，但是“素养”的含义更倾向于后天努力和在环境影响下形成的心理特征。习惯上没有“先天素养”，但有“先天素质”的说法。张大均总结性评价两者关系:“一般认为素质既包括了先天遗传特征又包括着后天习得的素养”。[218]本书强调学生学习和后天实践培养教育范畴中的情感问题,认为选择“情感素养”一词比“情感素质”更为妥当。

(2) 情感素质结构

卢家楣研究了我国青少年情感素质结构,指出青少年情感素质由两层次六大类29种情感组成,第一层次为各类高级情感,第二层次为情绪智力;29种情感分别为:道德情感(爱国感、同情感、正直感、责任感)、理智情感(乐学感、探究感、自信感、好奇感、成就感)、审美情感(自然美感、艺术美感、工艺美感、环境美感、科学美感)、生活情感(生活热爱感、生命珍爱感、自强感、人生幸福感)、人际情感(乐群感、亲密感、归属感、宽容感、合作感、信用感)、情绪智力(情绪感染能力、情绪认知能力、情绪体验能力、情绪评价能力、情绪调控能力)。[211]他指出,当代大学生的道德情感由爱国感、责任感、正直感、奉献感、公益感、信用感、公平感等组成。[157]中国当代大学生情感素质结构,由道德情感(爱国感、责任感、公平感、正直感、公益感、信用感、奉献感)、理智情感(好奇感、探究感、自信感、成就感、乐学感、专业感)、人际情感(亲密感、合作感、宽容感、恋爱感、感恩感、关爱感)、生活情感(自强感、自立感、自尊感、珍爱感、幸福感、乐观感)、审美情感(自然美感、人文美感、科学美感、仪态美感)、情绪智力(调控他人情绪能力、理解他人情绪能力、调控自己情绪能力、表达自己情绪能力)[85]等组成。

王俊山研究的中小学班主任情感素质结构为道德情感(关爱感、责任感、同情感)、理智情感(乐学感、自信感、成就感)、审美情感(艺术美感、仪态美感、环境美感)、人际情感(幽默感、合作感、乐群感、尊重感、宽容感)、生活情感(执着感、幸福感)、情感能力(情绪理解能力、情绪疏导能力、情绪调控能力)。[219]缪连芬探讨的大学生情感素质由两层面六大类33种情感组成。本体性层面情感包括道德情感(爱国感、责任感、正直感、信用感、奉献感、公平感、公益感)、理智情感(好奇感、探究感、自信感、成就感、乐学感、专业感)、人际情感(亲密感、合作感、宽容感、恋爱感、感恩感、关爱感)、生活情感(自强感、自立感、自尊感、珍爱感、幸福感、乐观感)、审美情感(自然美感、人文美感、科学美感、仪态美感);操作性层面情感包括调控他人情绪能力、表达自己情绪能力、理解他人情绪能力、调控自己情绪能力。[205]郭继东探讨的被试英语学习情感投入结构由两部分组成,其中内在情感投入包括“英语学习价值”“英语学习信心”“英语学习兴趣”,

外在情感投入者包括“对教师认同感”“对学校归属感”“对学校满意度”。[161]席云玲研究的教师情感素质结构分为积极的情感定势、强烈的情感意识和较强的情感能力。[169]

(3) 情感素质问卷编制

卢家楣“青少年情感素质问卷”编制过程如下：明确编制原则、收集原始素材、确定问卷结构、编制问卷题项、问卷试测与分析。[8]

卢家楣“大学生情感素质问卷”编制流程如下：首先，明确编制原则；其次，初步调查，形成问卷基本结构；再次，进行座谈和开放式问卷，以编制问卷题项；然后，对问卷进行预测与分析；最后，形成正式问卷。[85]

卢家楣“中国当代大学生情绪智力问卷”编制流程如下：首先，编制初始问卷，确定问卷基本结构；其次，通过文献查阅、访谈该领域专家等手段修改与完善问卷；最后，编制正式问卷，进行项目分析、信效度分析、正式问卷组编。[157]

王俊山“中小学班主任情感素质问卷”编制流程如下：通过文献分析、开放式调查、专家评定、收集行为样例、编制预试问卷、探索性分析、验证性分析等编制问卷。[220]

周蜀溪以文献法、内容分析、访谈法构建小学生情感能力结构模型，并通过咨询和访谈专家、小样本测试结果等编制问卷。[221]

王健通过文献梳理，对核心概念进行操作性界定；采用开放式问卷调查法形成初始问卷；经初测后形成“抑郁症状大学生攻击性正式问卷”；实施正式调查并探索性和验证性因素分析、信效度检验等。[222]

吴旻采用整群抽样法，分析探索性和验证性因素，探索大学生积极心理资本结构，并编制问卷。[223]

赵倩经理论分析、开放式问卷及专家咨询拟定原始问卷，对大学生进行随机分层抽样测试，并对问卷进行项目和探索性因素分析、因素命名、信效度检验，最终编制“大学生心理危机表现的问卷”。[224]

周晶晶通过收集文献，结合开放式问卷法和教师访谈法，确认教师知识分享行为；再通过编制预试问卷和验证问卷信效度，形成最终问卷结构。[225]

陈君程借鉴文献资料和胡珍编制的问卷，结合专家意见，经预调查拟定初测问卷；初测问卷施测后，采用探索性因子分析、主成分分析、方差最大正交旋转方法筛选题项，形成“藏族大学生性心理健康正式问卷”；最后正式问卷施测，检验问卷的内在信度与结构效度。[226]

叶一舵通过文献资料法、开放式问卷法,结合专家意见,编制“了青少年学生心理资本初始问卷”;经初测后确定问卷维度,形成正式问卷;最后正式问卷施测,确定问卷信效度。[227]

通过梳理上述文献发现,问卷调查研究的主要特征如下:首先,样本是从调查总体中随机抽取的;其次,问卷编制有系统的、特定的程序要求;最后,收集的数据量较大,需要借助计算机等工具进行统计分析。问卷调查不仅是情感的研究文献中主要方法,也是众多研究领域中广泛使用的、高效率的研究方法。

(4) 情感素质培育对策

卢家楣在《教材内容的情感性分析及其处理策略》一文中,提出四条情感性处理教学内容的策略,即展示、发掘、诱发、赋予情感。[171]他认为情感教学模式是“有组织教学手段”的主要形式之一,是扭转重知轻情教育现状的一个有力举措。[181]卢家媚等人认为良好的师生关系、教师的有情施教能促进中职生情感素质发展。[228]庞彬认为与学生平等对话、人文关怀型的生活方式是提升教师情感素质的有效对策。[229]管乐提出从理智情感、道德情感和审美情感三方面探索音乐教育对大学生情感素质的培养。[230]刘峥嵘认为,可以从培养乐观进取健康情感、良好职业情感、尊重学生真挚情感三方面来提升中小学教师的情感素质。[216]王俊山通过对中小学班主任情感素质特征挖掘、现状调查与实验干预,得出提升班主任情感素质的有效培育措施。[219]上述研究虽然对情感素质的培育做了一些有益探索,也得出了相应的培育策略,但这些研究尚未能清楚解释培育过程中产生的效果。

(5) 情感素质述评

梳理卢家楣及其科研团队研究下的“情感”和“情感素质”发现:

首先,“情感素质”是“情感”研究的狭义化。在研究操作上,舍弃情感消极性而挖掘其积极性方面,强调教育领域里情感的育人功能。经卢家楣狭义化后的情感素质,具备3个方面的特性,即教育的可塑性、个人心理的稳定性、积极的正能量性。

其次,两者呈包含与被包含关系,即“情感素质等于若干个积极情感之和”。如卢家楣研究的情感素质包含道德情感、理智情感、人际情感、生活情感、审美情感和情绪智力。鉴于这一研究主题固有的宽泛性,本书也需要对数学情感素养的概念进行狭义化界定。

通过梳理素质与素养词义的共同点和不同点，结合卢家楣的情感素质内涵，发现情感素质基本等同于情感素养。卢家楣在情感素质方面取得的研究成果在国内学术界产生了广泛影响，成为许多情感素质研究的理论基础，也对本书的研究思路有所启发。

1.3 研究述评

第一，数学情感素养是数学素养不可或缺的重要组成部分[231]，贯穿于数学核心素养的始终，但目前关于它的研究相对较少。学者们从理论上对数学情感素养"是什么"进行了探讨，从而为该领域后续研究做了铺垫。作为数学素养的非智力因素，数学情感素养研究有待深入挖掘。

第二，通过梳理文献发现，素养、情感、情感素养等非智力因素均是相当复杂的综合性概念[232]。只有对这些非智力因素的概念进行界定，明确其内涵和外延，以及其指标体系构建是研究的首要工作，即明确"是什么"，才能在后续研究中有的放矢。因此，师范生数学情感素养概念的操作化界定将是本书研究的首要关键环节。

"情感""素养"及其邻近概念，都是主观性很强的词汇，这些词汇在定义描述研究中呈现"仁者见仁、智者见智"的常态。为此，卢家楣关于情感素质的研究中，不是对情感问题进行面面俱到的"挖塘"，而是在研究局部视野下对情感进行狭义化的"打井"深挖，即明确研究对象、限定研究范围。鉴于情感素养的宽泛性，本书也需要对师范生数学情感素养进行狭义化界定，使得情感素养在教育实践中可操作化。

第三，虽然数学情感素养及其相关主题研究侧重点不同，但其研究实质就是"培养什么样的人""如何培养人"。鉴于这一研究主题内涵的丰富性，如果仅笼统地对事物表象进行认知，显然不符合科研理性认知规范。因此，在梳理文献资料和实践调研认证的基础上，需要对数学师范生的情感素养进行概念化认知。通过对其概念界定、指标体系构建、问卷编制等理论建设，使这一抽象概念变得可测量和可操作化，数学情感素养研究才能落地生根，从而有效落实"立德树人”的根本任务。

第四,基于发现问题和解决问题的研究常规思路来审视,关于情感的研究基本侧重于发现问题,即情感“是什么”“怎么样”“为什么”的理论研究。但是,关于如何解决问题(如何做)的研究相对较少,仅有少量文献有提出解决问题的对策或建议,但这些对策效力有待在实证研究中检验。因此,本书的研究方法为“理论研究+实证研究”,通过实证研究,补充和强化研究过程中的薄弱环节。本书拟对数学情感素养进行实证研究,调查高校师范生数学情感素养的现状,通过干预实验、个案分析等方法探究师范生数学情感素养的特点和有效提升数学情感素养的手段,最后提出完善师范生数学情感素养的培育对策。

第 2 章　问题提出与研究设计

2.1　问 题 提 出

从国家政策层面来看，党的十八大、国家教育事业发展“十三五”规划、《国家中长期教育改革和发展规划纲要（2010—2020 年）》等在凸显“育人”教育本质的同时，也为情感素养的培育提供了政策导向。然而，由于应试教育及其滞后效应，使得数学教学更多表现为知识和技能的传授，忽视了其育人作用。高师数学专业师范生是现今的受教者，也是将来的施教者，师范生数学情感素养的理论研究和理论先行，能推进和引领数学学科“立德树人”的实践。在深入和扎根数学与应用数学（师范）专业学生本科课堂教学一线，观摩教学过程，并对师范生数学学习过程进行分析与反思后发现，如果学生存在数学情感方面的障碍，如缺乏数学学习兴趣和求知欲、意志力薄弱等，必使其学习行为消极化，从而导致学习效率低下、成绩不理想。这些数学情感障碍直接影响着师范生的数学学习效果，应及时“清理”。于是，围绕“数学情感”的主线，开始展开思考：作为未来的中小学数学教师，除了具备一定的数学知识和数学技能外，师范生还应具备哪些数学情感素养？师范生数学情感素养是什么，其内涵与外延是什么？如何测量师范生数学情感素养？师范生数学情感素养的现状怎么样？可以通过什么方法来提升师范生数学情感素养？怎样验证师范生数学情感素养提升手段的有效性？

因此，如何将师范生数学情感素养落实并推行到教育实践活动中，真正实现其育人功能和价值，是数学教育领域面临的重要问题。

2.2 研究设计

2.2.1 研究目的

（1）对高校数学师范专业学生的数学情感素养进行概念化认知，明晰数学情感素养的内涵与外延，也就是明确它“是什么”。

（2）构建师范生数学情感素养指标体系。

（3）编制师范生数学情感素养调查问卷。

（4）采用问卷调查了解师范生数学情感素养现状，并通过实验干预验证提升数学情感素养手段的有效性，提出数学情感素养的培养策略，以达到“立德树人”的最终目的。

从“情感素养”视角对数学学科教学育人进行研究，探讨我国高师数学师范专业学生人才培养的理论与实践问题。对师范生数学情感素养的基本概念、指标体系、现状调查、提升手段等方面进行研究，旨在为数学教学管理和人才培育提供参考。

2.2.2 研究对象

本书以高校数学专业师范生的数学情感素养为研究对象（下文将其简称为“师范生数学情感素养”）。在对师范生数学情感素养现状调查时，选取福建省7所高等师范院校大一数学专业师范生为调查对象。通过调查了解新生数学情感素养现状，从中发现问题，并通过一定时间的干预实验探寻提升数学情感素养的有效手段。

2.2.3 研究范围

本书的研究范围为师范生数学情感素养的理论构建与实证研究，力图澄清数学情感素养是什么，探讨如何在实践中达到数学情感素养立德树人的目的。

2.2.4 研究内容

1. 理论研究

本书基于心理学与教育学研究成果，以高师院校数学与应用数学(师范)专业学生的发展为背景，界定师范生数学情感素养的内涵与外延，在此基础上进一步构建师范生数学情感素养指标体系，该指标体系为本书实证研究的调查问卷编制奠定了坚实的基础。

2. 实证研究

本书以数学与应用数学师范专业学生为问卷调查对象和干预实验研究对象，用实证研究方法考察师范生数学情感素养的现状与有效提升手段。首先，利用调查问卷对现场干预实验进行前后测试；然后，根据得出的结论再对调查问卷与干预实验的有效性进行验证。

主要研究内容如下：

(1) 界定师范生数学情感素养的概念，明晰其内涵与外延，构建其结构框架，丰富和发展数学情感素养的理论研究。

(2) 构建数学师范生数学情感素养指标体系，为实证研究提供可操作性。

(3) 编制调查问卷，使师范生数学情感素养具备可测量性。编制具有较高信效度的调查问卷，进行抽样调查，从积极的、全面的视角揭示师范生数学情感素养的现状，进而为发现问题、寻求对策提供第一手资料。

(4) 进行师范生数学情感素养实验干预。通过一定时间的干预实验，编制和发放调查问卷，对实验班与对照班师范生的数学情感素养进行前测与后测，通过数据对比检验干预实验对提升师范生数学情感素养的有效性，寻求提升数学情感素养的有效手段。

(5) 进行师范生数学情感素养个案分析。在干预实验过程中，选取实验班学生典型案例进行分析，剖析学生数学情感素养塑造及影响因素，进一步丰富和完善师范生情感素养的培育手段。

2.2.5 研究方法

1. 文献资料法

主要通过福建师范大学图书馆、闽南师范大学图书馆及中国知网、万方数据知识服务平台等数据库收集文献资料，涉及学科包括数学教育、教育学、心理学等。在以“数学情感素养”为关键词进行检索时，发现核心期刊文献资料很少。鉴于数学情感素养直接相关的研究成果不多，笔者扩大文献搜索范围，对其相关概念进行文献搜索，如数学素养、数学核心素养、数学情感、情感素养和情感、情感素质等。对师范生数学情感素养相关文献资料的梳理及探究，有利于了解其研究现状和最新研究进展。在为本书的核心概念界定提供文献支撑的同时，也为本书的研究设计思路带来参考与启发。

2. 德尔菲法

本书主要采用德尔菲法设计师范生数学情感素养指标体系。大致流程为：将初步拟定的“师范生数学情感素养指标体系”形成调查问卷，发放给数学教育方向的专家；按专家提出的宝贵意见，对指标体系进行调整、归纳和统计，再匿名反馈给各位专家，再次征求专家意见；对意见进行再集中、再反馈，直到得到专家的一致意见。通过两轮的专家咨询问卷，不断完善指标体系的内容，最终确定师范生数学情感素养指标体系。

第一轮专家咨询问卷共发放 14 份，回收有效问卷 12 份。专家建议对指标体系中的各项指标按重要程度赋予不同分值；此外，还提出了一些具体修改建议。根据第一轮专家问卷的统计得分表，结合专家的具体意见，对指标体系进行修改与完善。

第二轮专家咨询问卷共发放 12 份，回收有效问卷 12 份。对第二轮专家问卷调查结果进行统计分析的基础上，结合专家给予的建议，对指标体系进行了进一步修改与完善，最终形成了包括 3 个一级指标、11 个二级指标的“师范生数学情感素养指标体系”。

3. 问卷调查法

采用开放式问卷调查法，对师范生数学情感素养词条进行搜索。问卷发放对象为数学师范专业学生以及高校教学一线任课教师、辅导员。开放式问卷又叫无结构型问卷，以问卷设计者提供数学情感素养相关问题，由被调查者自行构思与自由发挥，按自己意愿给出问题答案的问答题型为主。目的是对师范生数学情感素养词条进行集思广益，在较广范围内搜索词条，并较深入地发现和探究一些特殊问题，收集师生群体的意见和观点。本次共收集教师问卷 43 份，其中男性 18 人，女性 25 人。上述问卷中，辅导员有效问卷 5 份，工龄为 3～15 年；一线教师有效问卷 38 份，教龄为 2～30 年。收集学生有效问卷为 189 份，其中男生 73 人，女生 116 人；大一学生 19 人，大二学生 41 人，大三学生 53 人，大四学生76人;年龄为18～23岁。

通过发放师范生数学情感素养问卷,对师范院校数学师范专业大一学生的数学情感素养现状进行调查。选取高师数学专业本科生为调查对象。根据研究需要和自身研究能力进行抽样调查。问卷发放对象为福建省地方师范院校数学师范专业大一学生,主要集中在福建师范大学、闽南师范大学、泉州师范学院、莆田学院、宁德师范学院、龙岩学院等高校。福建漳州和泉州的调查由笔者亲自进行,对福州、莆田、宁德、龙岩等地的调查,则委托相应高校数学教育专业的教师进行。在调查开始前,采用电话、视频等方式,明确"现场发放和回收问卷"的调查方式,提醒调查注意事项。共回收625份问卷,其中有效问卷为620份,有效率为99.2%。

4. 访谈调查法

采用结构式访谈法,对师范生数学情感素养词条进一步补充与完善。访谈对象为高师数学专业学生的辅导员、班主任、教学一线任课教师。结构式访谈法采用事先统一设计好的、有一定结构的问卷进行访问,并对问卷中有疑义的地方做了说明。丰富和完善师范生数学情感素养词条,是为了尽可能客观、全面地反映研究主题。设计的调查问卷见附录2。选取3名地方师范院校数学师范专业学生辅导员、8名教学一线任课教师进行访谈,尤其在参加2018年4月17至19日在南京召开的普通高校师范类专业认证培训、2018年6月19日至22日在重庆召开的全国数学教育教学改革与发展研讨会暨数学教育博(硕)士生论坛会议期间,访谈了3名数学教育专家、4名一线教师,并从中获得了词条。通过访谈,不仅对词条的数目进行了补充和完善,还加强了对词条的理解。

5. 优势关系多属性群决策法

采用优势关系多属性群决策方法,对师范生数学情感素养指标体系权重进行设定。常用的指标体系权重确定方法,如变异系数法对数据的精确性、完备性等有较高要求:要求专家对每位师范生数学情感素养指标体系中的每个指标都给出具体评价,而且数据不能缺失,否则就会影响计算结果,甚至无法确定指标权重。然而,实际生活中对师范生数学情感素养评价往往按照三支决策的方式给出粗集评价,此时变异系数方法就显得无能为力。采用优势关系多属性群决策方法的优势如下:一方面,遵循专家作出的粗粒度评价信息,采用优势关系法描述初步分级决策信息结构,界定专家初步分级评价相似度概念,客观计算专家评价权重;另一方面,给出优势粒结构相似度的定义,探究其相关性质,基于此提出的计算方法能够较为直观地解释属性的客观权重。从模型建立、各属性权重计算过程来看,这种决策方法是一种多粒度决策方法。通过对专家的三支决策评价实例进行数据分析处理,得到师范生数学情感素养评判专家和各个评价指标的权重分配,集结相关数据后得出最终评价结果。实践证明,这种方法在师范生数学情感素养评判时具备可行性与有效性。将不确定理论及其应用的研究成果应用于数学教育领域,是一种学科交叉方法,在方法论上更是一种创新。

6. 教育实验研究法

本书选取福建省某地方院校数学师范专业大一两个班级的学生为实验对象,采用教育实验研究法,对师范生数学情感素养进行实验干预研究。首先,在入学编班时,尽可能地按入学成绩、家庭背景等平均分配实验班和对照班的学生,以保证实验对象初始情况的基本一致性。其次,在实验期间,实施教学计划时,尽可能地给实验班和对照班安排同样的课程和任课教师。再次,研究人员以班主任和导师的身份融入实验班的学生群体中,与学生融洽相处,最大限度地争取学生们的积极配合。此研究方法从源头避免了实验对象初始情况差异的困扰,也缓解了个别学生不配合实验研究的担忧。在实验过程中,对实验班和对照班采取不同的教学方式,对照班按常规教学,实验班进行集体学习活动、个别情感指导等方式的干预实验,通过对比分析来验证数学情感干预措施实施的可行性。

选取的实验班前后测有效配对共 50 人,其中男生 9 人,女生 41 人;选取的对照班前后测有效配对共 50 人,其中男生 8 人,女生 42 人。在实验期间,研究人员尽可能深入到实验班学生中去,通过与学生的个别谈话了解他们的个性特征,通过观察学生的言行举止洞察他们的内心,因材施教,针对不同学生采用不同的激励方式,充分调动学生的数学学习兴趣,以达到塑造他们数学情感的目标。这在一定程度上弥补了研究时间不充分的弊端,提高实验的有效性。

7. 个案研究法

个案研究主要是指对某一特定个体、单位、现象或主题的研究。本书选取典型个案进行研究,遵循因材施教的教育原则,关注师范生个体差异,发展每位学生数学情感素养的优势和潜能,是干预实验班级共性化研究的有益补充。

对学生进行个案访谈之前,先让学生填写师范生数学情感素养问卷,并提供师范生数学情感素养各维度操作性定义及条目。按照访谈提纲(附录 10),对 4 位同学进行个人访谈,并对他们进行个别干预指导。在实验结束后,再次用“师范生数学情感素养问卷”对他们的数学情感素养状况进行测量。具体研究内容及其主要研究方法如图 2.1 所示。

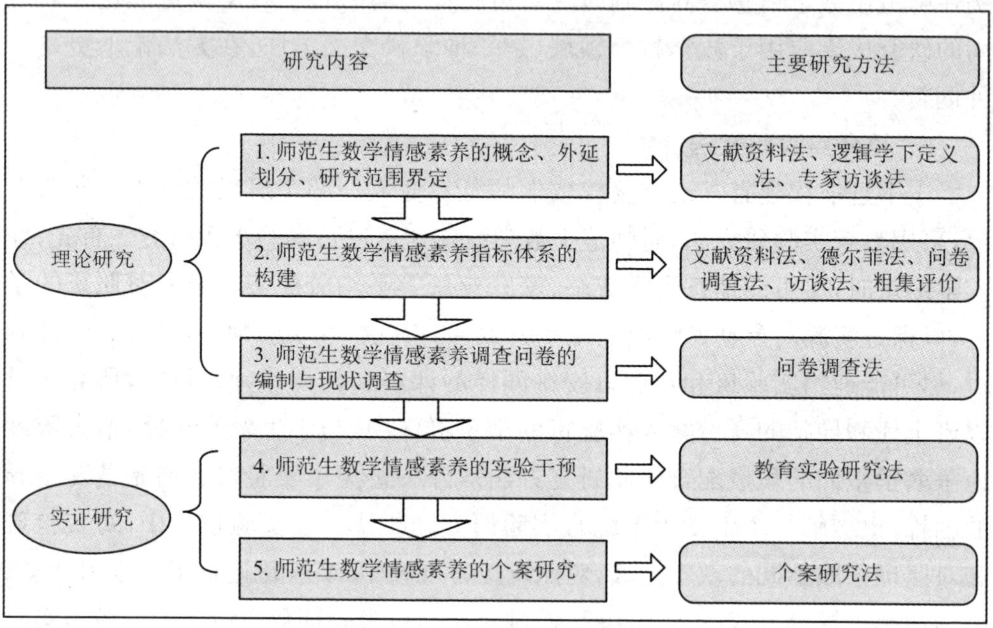

图 2.1 研究内容与主要研究方法

2.2.6 研究重点、难点及创新点

1. 研究重点

本书的研究重点是对师范生数学情感素养的现状进行调查研究,并通过实验干预和个案分析探究数学情感素养的有效培育手段。

2. 研究难点

本书的研究难点是设计师范生数学情感素养指标体系。在广泛借鉴非智力因素相关指标体系研究成果的基础上,结合师范生数学情感素养的教育实践,主要采用德尔菲法建立师范生数学情感素养指标体系。

3. 研究创新点

(1) 内容创新

一是提出了师范生数学情感素养的概念,并对其定义的内涵、外延进行了挖掘；二是设计了师范生数学情感素养指标体系，为实证研究的开展提供了可行性；三是经实验验证，总结了若干行之有效的数学情感素养培养策略。

(2) 方法创新

将不确定理论及其应用的研究成果运用于师范生数学情感素养实践研究，用优势关系多属性群决策方法对包含3个一级指标和11个二级指标的师范生数学情感素养指标体系各指标权重进行确定。

第3章　师范生数学情感素养的概念化界定

培养师范生数学情感素养，不仅是践行“立德树人”教育理念的需要，也是由数学学科的性质和基础性教育地位决定的。鉴于数学情感素养概念的宽泛性，如何准确把握师范生数学情感素养概念的内涵和外延，是学术化研究的需要，也是目前亟须解决的问题。因此，有必要对师范生数学情感素养进行概念化界定。

“概念化意味着学术化，是跨越日常经验至学术经验的必需手段，须符合逻辑推演，符合形式逻辑。”华中科技大学贺雪峰教授在论述社会科学性质的问题时，率先提出将关于事物的朴素印象上升至对事物必然性质和发展规律的认识，需要借助概念。

本章主要是对“师范生数学情感素养”[233]这一朴素现象进行概念化研究，即明确其“是什么”的基本问题。采用文献资料法，结合逻辑学中“概念＝种差＋邻近属概念”的定义方法，界定师范生数学情感素养的概念。科学地理解情感素养的基本内涵，是本书研究的逻辑起点。

3.1　素养和情感

关于情感素养的研究，学术界尚没有广泛影响的研究成果，也没有统一广泛认可的概念。为了研究的深入进行，笔者认为，有必要对其邻近概念，即素养和情感的定义进行梳理。

3.1.1　素养的定义

1. 素养的词源

《马克思主义百科要览(下卷)》将“素养”解释为平时的自我修养。《汉书·李寻传》的素养是指:“马不伏枥,不可以趋道;士不素养,不可以重国。”即如果平日不喂养马,那么关键时候它就不可能上路快跑;如果士兵平时不加强训练,他们就不能肩负保家卫国的重任。现在“素养”多指人们通过坚持不懈的努力学习、自我修养和刻苦锻炼取得的某种收获与成果或达到的某种水平与境界,如政治素养、道德素养、文化素养、艺术素养等。《中国学前教育百科全书(教育理论卷)》解释“素质”为家长的思想品德、文化修养、个性品质的综合。

“素养”的英文为 competence 或 competency,从词源学上看,其拉丁文词根 competere,指各种能力或力量(powers)的聚合,以使人恰当应对情境。其中,com-是指“聚合”(together),petere 是指“追求、奋力向前”(to seek,drive-forward),合起来看,competere 即指“合力奋斗”(to strive together)。这里清晰表明“人为适应环境而合力奋斗”的原初意涵。换言之,“素养”最初是指人恰当应对情境之需要的综合能力,本质上是人的存在状态(a state of being)或能力。一个有素养的人,就是当他置身于特定情境的时候,有满足情境之需要的“恰当性、充分性或态度”。[71]欧盟认为“素养是适用于特定情境的知识、技能和态度的集合,这里的情境主要指个人情境、社会情境和职业情境”[72]。

从素养的词源分析,发现它是人为适应环境所需要的一种综合,包含道德、思想品德和个性品质等非智力因素。

2. 核心素养观下的素养

将核心素养作为教育目标,最早是由经济合作与发展组织在 1997 年给出的。之后欧盟、联合国教科文组织等也开始研究核心素养。探寻国际组织和我国教育部关于核心素养观下的素养含义,主要有以下几种:

(1) 经济合作与发展组织定义的核心素养为:“运用知识、技能和态度(attitudes)满足特定情境中复杂需要的能力。”[234]

(2) 欧盟在对每一核心素养(key competencies)给出清晰界定后,从必要知识、技能和态度三方面作出了明确说明。[235]

(3) 2015 年瑞士课程重建中心主任 C. Fadel 等人著的《四维教育:成功的学习者所需要的素养》一书,将核心素养定义为“知识、技能、品格”三要素的一个类概念。[236]

(4) 我国教育部成立了一个由北京师范大学牵头的小组，界定学生核心素养的定义为“学生应具备的、能够适应终身发展和社会发展需要的必备品格和关键能力”，并基于社会参与、自主发展、文化基础三个方面，提出了六个大条目18个具体指标。[237]

3. 数学素养观下的素养

经济合作与发展组织和欧盟将“数学素养”列为核心素养观的一个重要内容。笔者梳理了国内外学者关于数学素养观下的素养含义，具体如下：

何小亚将满足学生个体和社会发展必备的数学品格与能力，即数学知识、情感态度价值观和能力综合体称为数学素养。[26] 桂德怀把数学知识、数学情感态度价值观同数学能力综合体现称为数学素养。[64] 加拿大的 Saskatchevan 将数学素养定义为，学生能够理解和运用数学思想、方法，具备应用中所需要的数学知识、数学技能，并作出正确评价。为了美国明天的数学素养机构认为，数学素养是一种能力，是技能、知识、信念、思维习惯、交流能力、问题解决能力的集合体。[60] 美国《学校数学教育的原则与标准》提出的数学素养包括数学技能、数学态度、社会能力。[25] 澳大利亚政策研究委员会在国际生活技能调查报告中提出，数学素养为处理生活与工作过程中数量问题所需要的知识、技能、信念、气质、思维习惯、交流能力等的集合。[61]

上述各种定义从知识、技能和态度 3 个维度解答了“素养是什么”，但定义中关于综合、集合、能力、综合能力等属概念的表达尚未达成统一认识。因此，笔者认为，关于数学情感素养的概念化界定，需要解答其“是什么”。

3.1.2 情感的定义

1. “态度”观

这种观点认为情感等同于“态度”。在《心理学大辞典》里，情感是“人对客观事物是否满足自己的需要而产生的态度体验”。《当代西方心理学新词典》中的情感是指人对客观事物是否符合其需要所产生的态度体验，分为道德感、理智感和美感 3 种。《心理咨询大百科全书》认为把人对客观事物是否符合自身需要产生的态度体验称为情感，把需要与人的社会性相联系的这种稳定而复杂的态度体验称为狭义情感，如道德感、理智感、美感等。《中国中学教学百科全书(教育卷)》将人对客观事物是否符合个体精神或社会需要相关的态度体验称为情感。《中国学前教育百科全书(心理发展卷)》认为情感是指同情绪有联系又有区别的心理学概念，其广义与情绪一样是人对客观事物的态度体验。《教育辞典》认为情感是指人对客观现实中对象和现象所采取态度的体验。《财经大辞典(下卷)》认为情感是指人在活动中对客观事物所持态度的内在体验。

从学者视角看待情感，不少学术论文[238-243]这样描述："情感反应是指态度。"从心理学角度看，作为态度的一部分，情感与态度中的意向协调、内向感受一致，是态度在生理上既稳定又复杂的一种生理评价和体验。[244]无论是将情感等同于态度，还是指出两者在内涵上有交集，均体现出情感与态度的密切关联性。

2. "反应"观

这种观点认为情感是一种"反应"。《现代汉语词典(第七版)》中情感是对外界刺激否定或肯定的心理反应，如悲伤、恐惧、愤怒、爱慕、厌恶、喜欢等。[245]《马克思主义哲学全书》认为情感是指人的感情活动，作为人心理活动的一个重要组成部分，它与其他形式的心理活动相互关联。

此外，将情感界定为"反应"的相关研究结果有：

(1) 情感是指人受到外界刺激而产生的心理反应。[246]

(2) 自然情感是指不受道德约束的一种生理和心理反应。[247]

(3) 自然情感指的是一种原发性的、不受道德约束和控制的生理与心理反应，是人对客观事物的一种直接反应状态。[248]

(4) 色彩情感指的是当人看到某种色彩时产生的某种感觉、印象或心理反应。[249]

(5) 情感是指个体对外界刺激肯定或否定的心理反应，如欢喜、愤怒、悲伤、恐惧、爱慕、厌恶等。[250]

(6) 情感是指人们对外界刺激是否满足自身需要所作出的心理反应。[251]

(7) 情感类心理动词是指表示人们对外界刺激作出积极肯定或消极否定等反应的心理动词。[252]

工具书上的定义和学者们的研究成果体现出的"反应"观，实质上强调了"情感"的主观能动性。

3. "态度和反应"观

这种观点认为情感是"态度和反应"。《心理学辞典》认为情感是指个体对客观事物所持有的比较稳定的、深刻的、具有社会意义的态度体验及相应的行为反应。杨清教授主编的《简明心理学词典》认为，"一个人当前面临着的事物，常常与自己已形成的思想意识包括需要、态度、观念、信誉、习惯等之间发生关系，对这种关系的切身体验或反映就是情感”。[253]情感属于意识范畴，从心理学上来说，是指人面对外界刺激时而产生的一种心理反应。实际上，情感是人对客观事物产生的态度体验或感受。[254]心理学相关研究表明，从本质上讲，情感是人对客观事物是否符合个体需要而产生的态度体验或心理反应。[255]“态度和反应”观不仅体现情感与态度的关联性，而且凸显了情感的主观能动性，属于非智力因素范畴。

通过对素养和情感定义的解析，笔者明确本书提及的情感素养只是核心素养观下的一个维度，不涉及与它并列的知识素养和技能素养。

在对数学情感素养进行概念界定前，需要解决以下两个主要问题：

首先，明确客观存在。上述观点中涉及“态度”和“反应”两个关键词，表明情感素养属于人的主观意识范畴。基于“意识是人对客观存在反映”的辩证唯物主义观点，作为一种特殊的主观意识，情感素养必定与某种特殊的客观存在相对应。因此，情感素养研究问题的关键在于找出这种特殊的客观存在。任何抛开客观存在而谈情感素养的研究都是空中楼阁，存在“皮之不存，毛将焉附”逻辑错误。

其次，界定研究范围。即对于同一客观存在，不同的人感觉不同，而且感知能力也不同。“因人而异”的感觉和认知，赋予情感素养较宽泛的研究范围，为情感研究带来复杂性和不确定性。正如王凤英博士所述，情感在社会学、哲学、心理学、教育学领域下拥有不同内涵。[166]即使归结为教育范畴的情感，其概念也依然非常宽泛，例如，“自我意识、自我发展、心理健康、态度、道德、感觉、价值观、动机等……既然它们不属于认知或动作技能领域，这一堆零杂物就成了情感领域的东西。这些方面都与情感有关，如果在全域内考虑其结构，并使之在教育实践中能够操作应用，显然具有相当难度”。[8]卢家楣教授在对青少年情感素质的研究范围进行界定时这样阐述：“我们不研究全域视野下广义的青少年情感素质，而是研究局部视野下狭义的青少年情感素质。”[8]卢家楣教授研究的是将“情感”狭义化和操作化概念界定后的青少年情感素质，因此，本书也需对研究的情感素养进行范围限定，不是对其“挖塘”式的面面俱到，而是对其进行狭义界定后的“打井”式深挖。

3.2　数学情感素养的定义

数学情感素养是数学素养中非智力因素的概括和统称,也是多数国家和地区核心素养观下共同关注的领域,但是,对其“是什么”的认知尚处于未达成共识的模糊阶段。因此,有必要对数学情感素养进行概念化认知。

首先明确数学情感素养的定义。定义就是用简洁的语句精确地揭示概念的内涵或外延的逻辑方法,它有认识事物、明确概念的重要作用。一个恰当的定义不仅要有具体的科学知识,还要掌握定义的表达方法及应遵循的规则。常用的下定义方法是种差加邻近属概念,其公式为“定义 = 种差 + 邻近属概念 + 外延”。其中,种差指出被定义的概念区别于同类事物的特殊属性,邻近属概念指出被定义的概念所属的类别。邻近属概念是指在一个概念的一系列上位概念中,外延最小的上位概念。种差就是指被定义概念与其属概念之间的差别,种差反映概念的本质属性。[256]对师范生数学情感素养概念化认知,需要从数学情感素养的属概念和种差两个方面进行探讨。

3.2.1　邻近属概念分析

为了解答数学情感素养“是什么”的问题,有必要对其邻近属概念进行探析。从邻近属概念角度来分析数学情感素养,主要有3种观点:

(1) 第一种观点:“综合”或者“集合”的属概念违反了“定义项使用的语词含义必须清楚确切”这一下定义原则。

核心素养大概可以这样描述:后天形成的、与特定情境有关的、通过人的行为表现出来的知识、能力与态度,涉及人与社会、人与自己、人与工具三个方面。[86]褚宏启认为,任何行为都不是单一维度的知识、技能、态度所能支撑的,需要三者统合方能达成,即知识、能力、态度的统整与融合。[257]例如,林崇德界定的“必备品格和关键能力”[258],张维忠界定的“数学知识、数学能力和数学态度”[89],《中国学前教育百科全书(教育理论卷)》界定的“思想品德、文化修养、个性品质的综合”。

“定义项使用的语词含义必须清楚确切”,对此,不管使用哪种方法下定义,都必须遵循这一原则。而“综合”或“集合”很难给出确切的含义，更多表示一个“类别”。因此，用“综合”或“集合”一词来表述素养的属概念实为不妥。

(2) 第二种观点：“能力说”或“技能说”违反了“被容义项的外延与定义项必须全同”这一下定义原则。

有些组织或个人认为素养是“能力”或“技能”，例如，经济合作与发展组织的“所需能力”[259]，美国核心素养“21st century skills”观提及的“必备能力”[72]，德国核心素养观提出的“关键能力”，澳大利亚核心素养观下的“必要能力”[260]，英格兰核心素养观下提出的“关键技能”，苏格兰核心素养观提到的“广泛的、可迁移的技能”，张华认为的“高级能力和人性能力”[71]。

素养绝对不等同于能力(或技能)，两者不可混淆。从能力的概念界定来看，“能力是完成一项目标或者任务所体现出来的综合素质”，而对一个事物的认知或态度，一定超出能力概念的范畴。但是，素养概念包含认知或态度，这是已有的绝大多数研究的共识。前文提及的有关素养的定义中，将素养等同于某种技能或某种能力，实际上是指素养包含能力、态度和认知。这种定义违反了下定义原则，即“定义项和被容义项的外延必须全同”[256]。因此，有学者明确提出，“核心素养”的含义比“能力”的意义更加宽泛，既包括传统的教育领域的知识、能力，也包括学生的情感、态度、价值观。这一超越知识和技能的内涵，可以矫正过去重知识、轻能力、忽略情感态度价值观的教育偏失，更加完善和系统地反映教育目标和素质教育理念。同时，素养并不是与生俱来的，而是后天学习的结果，且“素养”强调促进个人发展和形成运作良好的社会；而“能力”的形成由先天遗传和后天努力共同作用，更倾向于对个人有益，忽略了对社会的作用[261]。

(3) 第三种观点：“涵养说”或“修养说”存在“同语反复”的逻辑性错误。

例如，法国核心素养观下的“素养”，褚宏启核心素养观下的“关键素养”[72]，在《马克思主义百科要览(下卷)》中的“自我修养”，《现代汉语大词典(下册)》的“修习涵养”，在《中华同义词词典》的辨析里，均指出修养等同涵养。

逻辑学认为，给概念下定义，定义项中不能直接或间接包括被定义项，否则就会出现“同语反复”(即定义项中直接包括被定义项)的逻辑错误。如果这样定义概念，就像说“甲是甲的某某”或“甲是某某的甲”一样，达不到明确概念的目的[262]。同理类推，上述概念中“素养就是……素养”，犯了逻辑学上“同语反复”的错误；“素养是……涵养”的定义，出现了“循环定义”的逻辑错误，即定义项间接地包括被定义项，往往使被定义项反过来说明或定义定义项，造成逻辑上的“循环定义”。这些话本身并不是错误的，但作为定义，却是不合逻辑的。

上述文献中关于素养的属概念的不同定义，或许是研究者或研究机构知识背景、研究领域或研究视角的差异所致。抛开措辞上的不同，回归到“说些什么和描述什么”的词义内涵和用语层面上问题，发现上述定义主要包含了“知识、技能和态度”“知识、能力和品格”“思想品德、文化修养、个性品质”等内容。通过分析发现，可将素养的邻近属概念追溯为“心理特征”。“态度”和“知识”归属心理特征的争议不大，但是“能力”是否属于心理特征值得商榷。通过查阅《心理咨询大百科全书》《社会科学大词典》《军事大辞海》《简明教育辞典》《数学辞海(第六卷)》《神经精神病学辞典》等工具书，发现它们均将“能力”归属为“心理特征”。例如，“能力是直接影响活动效率，并使活动顺利完成的个性心理特征”。鉴于以上分析，笔者认为，素养的属概念使用“心理特征”一词比较妥当。

3.2.2　种差分析

种差是指被定义的概念与其属概念之间的差别，种差反映概念的本质属性。只有正确地理解概念的种差，才能准确地把握其本质属性。数学情感素养种差分析有以下几点：

第一，高师院校数学专业的学生。师范生是指高等师范院校数学专业的学生，他们是数学情感素养的主体。根据主客体之间的辩证关系，在研究师范生数学情感素养时，离不开对“高师院校数学专业学生”这个群体的认知。因此，“高师院校数学专业学生”应是其概念的种差之一。

第二，在数学学习活动中形成。首先，在数学学习过程中，基于数学学科基本特征，通过直接培养或间接熏陶，来塑造数学师范生的数学情感素养。从客观存在决定意识的哲学观点来看，数学基本特征作为客观存在，是通过学习过程在人脑中的反应，对情感素养起着决定性作用。所以，在研究师范生数学情感素养时，离不开对“数学学科基本特征”的认知。随之而来亟待解决的问题是，数学学科的基本特征有哪些。其次，定位于教育学范畴下的数学情感素养，这一概念强调通过学习塑造人的教育思想，回归教育“育人”的本质，因此，师范生数学情感素养是在“数学分析”“高等代数”“解析几何”“离散数学”“常微分方程”“概率论”“数学模型”“实变函数”“复变函数”等一系列数学课程的学习活动中逐渐形成的。因此，“在数学学习活动中形成”应该是其概念的又一种差。

第三，相对稳定。根据强度及其持续时间差异，可将情感分为激情、热情与心境。激情和热情都是一种强度高、持续时间短的情感。激情的特点是迅速爆发、短暂和猛烈，如恐惧、愤怒、狂喜、绝望等；热情的特点是深厚、稳定和强有力，如欢欣鼓舞、兴高采烈、孜孜不倦等。心境则是一种强度低、持续时间长的情感，它的特点是平静、微弱和持久，如闷闷不乐、绵绵柔情、耿耿于怀等。那么，本概念内的数学情感素养指的是心境和热情类相对稳定的情感，像激情这样相对不稳定的情感则不在本概念范围内。

第四，与师范生培养相适应。特定情境，是各种核心素养观的一个共识性认知。经济合作与发展组织的核心素养强调，运用知识、技能和态度来“满足特定情境”需要的能力[263]。欧盟的核心素养注重“适用于特定情境”下知识、技能和态度的集合。有学者进一步阐释，“特定情境”主要是指个人情境、社会情境和职业情境[72]。高师数学专业师范生的教育目标是为了培养未来的中小学数学教师，所以师范生数学情感素养应包含与未来从事数学教育工作这个特定环境相适应的情感素养。因此，“与师范生培养相适应”也应是其概念的种差之一。

第五，积极性情感。根据价值正负方向划分，情感可分为消极性情感和积极性情感。消极性情感是人对消极性价值增加或者积极性价值减少所产生的情感，如鄙视、痛苦、嫉妒、仇恨等。积极性情感是人对负向价值减少或者正向价值增加所产生的情感，如信任、愉快、庆幸、感激等。鉴于立德树人教育目的和研究目的需要，本书仅研究积极性情感。

鉴于以上分析，笔者认为师范生数学情感素养概念的种差应具有“高师院校数学专业的学生”“在数学学习活动中形成”“相对稳定”“与师范生培养相适应”“积极性”五项内容。

3.2.3 概念界定

在明晰师范生数学情感素养的属概念和种差的基础上，根据逻辑学“种差＋邻近属概念”下定义方法，本书将“师范生数学情感素养”界定为高师院校数学专业学生在数学学习活动中形成的、相对稳定的、与师范生培养相适应的积极性心理特征。

3.3　数学情感素养概念外延的划分

外延是指一个概念所包含的思维对象的数量或范围。把一个属概念划分为各个种概念，以此明确概念外延的思维方法称为外延划分。外延划分严格要求细分的各外延之和必须等于母项，而且采用同一标准，子项的外延不相容，而且是同一层次的概念。[256]师范生数学情感素养定义为其外延划分提供了靶目标，接下来将具体介绍关于情感素养概念外延的划分。

3.3.1　邻近概念外延的梳理

卢家楣将情感素质的外延划分为两个层次六大类，其中，第一层次为情感本体层次，主要包括理智情感、生活情感、审美情感、道德情感、人际情感五类；第二层次为情感操作层次，即情感能力。[8]这一划分方法在国内学术界产生了广泛影响，并成为国内许多情感素质实证研究的理论基础。在上一章的文献综述里已论述了情感素养与情感素质的实质基本一致，因此本书在对数学情感素养的外延进行划分时，将卢家楣关于情感素质的划分可作为重要参考依据。

燕国材在著名心理学家潘寂提出的二元论——意向活动和认知活动组成人的全部心理活动的基础上，把人的全部心理活动划分为智力因素与非智力因素。非智力因素是指人在改造客观世界的过程中，其意向活动逐渐形成的稳定心理因素或特点，包含动机、兴趣、感情、意志与性格五个主要因素，具体为成就动机、求知欲望、学习热情、责任感、义务感、荣誉感、自信心、自尊心、好胜心、顽强性、自制性、独立性。[264]燕国材认为，在学习或工作中，只要利用这五个因素，以及三个“心”(自尊心、自信心、好胜心)、三个“感”(责任感、义务感、荣誉感)、三个“性”(自制性、坚持性、独立性)便足够了。[232]

本书借用燕国材的非智力因素定义，整理了国际组织、各国及地区的核心素养结构[261]的情感素养相关内容，具体如下：[236]

(1) 经济合作与发展组织：与他人建立良好的关系、团队合作。

(2) 欧盟：主动与创新意识、学会学习。

(3) 联合国教科文组织:学会求知、学会发展、学会改变、学会做事、学会共处。

(4) 国际文凭组织:敢于冒险、探究、富有同情心、心胸开阔、有原则性。

(5) 美国:主动性与自我导向、灵活性与适应性、领导与责任心。

(6) 法国:拥有独立自主和主动进取的精神、公民意识。

(7) 新西兰:自我管理、参与和贡献。

(8) 瑞士:如何做融入世界的人、开心、好奇心、勇气、复原力、道德、领导力。

中国学生发展核心素养,是指学生应该具备的、能适应个人终身发展与社会发展需要的必须具备的品格和关键能力,包括国家认同、社会责任、国际理解、科学精神、人文底蕴、审美情趣、实践创新、学会学习、身心健康九大素养[237]。

周家骥等人吸收布卢姆情感目标分类思想,将情感分为道德感、理智感和美感;[265]范先友将数学学习情感划分为道德感、理智感、美感;[266]孔凡哲将数学情感划分为数学道德感、数学实践感、数学理智感、数学美感。[27]

3.3.2 数学情感素养概念外延划分

参照上述邻近概念外延的划分的内容,结合道德感、理智感和美感是人类高级情感的理论基础,可将师范生数学情感素养概念外延划分成三个维度:数学道德情感、数学理智情感、数学审美情感。

数学道德情感是指高师院校数学专业学生在数学学习活动中用道德原则去感知各种数学现实所体验到的情感心理特征。数学理智情感是指高师院校数学专业学生在获得数学知识并把数学知识应用于实际的过程中所产生的情感心理特征。数学审美情感是指高师院校数学专业学生根据美学概念去感知数学知识及数学认知活动而产生的情感心理特征。

◆ 本章小结

情感、素养及其邻近概念,都是主观性很强的词汇,在定义描述上,仁者见仁,智者见智。研究者根据研究需要和价值取向的差异,表述也不同,但研讨问题的实质都是“培养成什么样的人”和“如何培养人”。显然,笼统地、似是而非地对事物的表象认知,不符合科研理性认知规范。因此,在文献资料法、逻辑法和实践调研认证的基础上，需对师范生数学情感素养进行概念化认知。

采用文献资料法，结合逻辑学的下定义方法，即“定义＝邻近属概念＋种差”，对师范生数学情感素养进行概念界定。通过对“素养”“情感”和邻近概念进行分析，认为使用“心理特征”一词作为情感素养的属概念比较妥当。师范生数学情感素养的种差为“高师院校数学专业的学生”“在数学学习活动中形成”“相对稳定”“与师范生培养相适应”“积极性”。

最终形成“师范生数学情感素养”定义，即高师院校数学专业学生在数学学习活动中形成的、相对稳定的、与师范生培养相适应的积极性心理特征。师范生数学情感素养划分为数学道德情感、数学理智情感、数学审美情感3个维度。

第4章　师范生数学情感素养指标体系设计

褚宏启说:“态度(情感)是潜藏于素养‘冰山模型’水面之下的,不易观察与测量。”[257]作为数学素养非智力因素的数学情感,也面临同样的困境,因此,有必要构建其指标体系。科学地构建指标体系,不仅可以延续概念化研究,也为实证研究奠定了基础,更是解决了学术化研究过程所面临的一个难点问题。目前,关于情感素养的研究成果不多,也没有具有广泛影响力的现成指标体系可供参考。在情感素养及其邻近概念的研究领域,指标体系设计是一个关键问题,它既是情感素养理论研究的重点,又是实证研究的基础,师范生数学情感素养研究也不例外。本书在参照情感素养类指标体系研究成果的基础上,结合数学师范生这个群体的实际情况,遵循科学的原则与方法,设计了师范生数学情感素养指标体系,旨在为实证研究奠定基础。

4.1　师范生数学情感素养指标体系设计的原则

4.1.1　理论与实践相结合原则

在设计一级指标时,本书依据了卢家楣对情感素质6个维度的划分,即生活情感、理智情感、审美情感、人际情感、道德情感、情感能力,参照周家骥、范先友、孔凡哲等人对数学情感划分的研究成果,再结合美感、理智感和道德感是人类高级情感的理论基础,把师范生数学情感素养划分成数学道德情感、数学理智情感、数学审美情感3个维度。

二级指标的选择既参照了相关理论研究,又结合了师范生数学情感素养的实际情况。例如，以卢家楣对情感素质的划分、数学素养定义、我国普通高中数学核心素养(2017版)、中国大学生核心素养、中国学生发展核心素养、情感素质等理论研究成果为参照依据，结合面向数学师范生、辅导员、一线任课教师、专家学者的问卷调查、专家访谈等实践中收集的词条，确定了相应指标。

4.1.2　主观与客观相结合原则

通过研究文献资料发现，关于情感素养的研究资料很少；梳理邻近主题研究发现，无论是情感还是素养的研究，都具有很强的主观性，不同学者构建的指标体系差异较大，使得研究结果的科学性大打折扣。因此，在设计师范生数学情感素养指标体系时，要遵循主观与客观相结合原则。数学情感素养作为从数学教育心理学延伸出来的概念，反映的是个人与学科、个人与群体、个人与个人之间的关系，既有客观成分，又带有主观性，只有将主观与客观指标相结合，才能保证师范生数学情感素养指标体系的完备性。

4.1.3　可行性与科学性相结合原则

所谓科学性原则，是指所选指标能够科学反映认知对象，[267]也就是要能够充分反映师范生数学情感素养的本质特征。师范生数学情感素养概念的理论性很强，必须借鉴成熟的情感素养理论成果，并在充分掌握情感素养理论的基础上，才能对这一概念进行科学测量。可行性原则，就是在选择各个指标时，要充分考虑指标计算方法和资料来源等可操作性问题。[267]为了增强指标体系的实用性，要删除一些理想化的、无法操作的指标。但是在构建指标体系时，绝不能在追求可行性的同时，损害其科学性，进而造成指标体系出现太多破绽，甚至重大残缺，[267]必须将科学性和可行性原则相结合，才能体现师范生数学情感素养指标体系的学术意义及应用价值。

4.2　师范生数学情感素养指标体系设计的方法

在确定师范生数学情感素养的指标体系时，本书主要采用的研究方法有文献资料法、结构式访谈法、开放式问卷调查法和德尔菲法。

首先，通过文献资料法，对数学情感素养及其邻近属概念的相关研究成果进行梳理，收集与师范生数学情感素养相关的词条。主要做法如下：由两名教育学研究生（教育学硕士研究生和教育学博士研究生各 1 名）系统阅读高师院校数学专业学生数学情感素养相关研究成果的原始文字材料，学习并领会师范生数学情感素养的内涵和外延，然后从中筛选出两人均认可的师范生数学情感素养有关词条。

其次，采用开放式问卷调查法。开放式问卷又叫无结构型问卷，被调查者对问卷设计者提出的、以问答题型为主的问题进行独立构思与发挥，并遵从自己意愿回答问题。问卷发放对象为数学师范专业学生、高校教学一线任课教师，目的是对师范生数学情感素养词条进行集思广益，在较广范围内收集词条，并进一步发现和探究一些特殊问题，探询数学师范生这个群体的意见和观点。

再次，采用结构式访谈法。即采用事先统一设计好的、有一定结构的问卷进行访问，并对问卷中有疑义的地方，都做了预期说明的准备。本书访谈对象为高师院校数学专业学生的辅导员、班主任、教学一线任课教师。本次访谈的目的是对师范生数学情感素养词条进一步补充与完善。丰富和完善师范生数学情感素养词条，旨在尽可能客观全面地反映研究主题。

通过上述 3 种方法，基本完成师范生数学情感素养指标体系的初始设计。

最后，采用德尔菲法确定正式的师范生数学情感素养指标体系。德尔菲法，又称专家意见法，是采用匿名发表意见方式，各专家互相不讨论与联系，通过多次调查专家对问卷中问题的看法，经过反复归纳、征询、修改，最后形成较为一致的、作为预测结果的专家看法。其特点主要包括以下几个方面：邀请专家参加预测，充分利用专家的学识与经验；采用匿名方式，使每位专家独立作出自己的判断；经过几轮预测反馈过程，使专家意见逐渐统一。德尔菲法的实施步骤如下：一是将初步形成的师范生数学情感素养指标体系发给同行专家，在他们的指导下反复修改，就确认的问题形成专家咨询问卷，即师范生数学情感素养指标体系专家咨询问卷。二是选择专家。根据预测问题规模与重要性，调整专家数量，一般认为，专家数量在 10 人及以上即满足德尔菲法对专家数量的要求。综合考虑本次研究的必要性和可行性，以及问卷实际回收率和有效性的问题，本书选取了相关研究领域的 14 名专家，其中数学教育领域的 10 名、数学领域专家 2 名、大教育领域专家 2 名，专家具体信息见表 4.1。三是发放专家咨询问卷。采用邮寄及电子邮件相结合的方式，根据德尔菲法的要求及实际条件许可，共发放两轮专家咨询问卷，获取专家的意见和建议，以不断完善指标体系的内容，从而最终确定数学师范生数学情感素养指标体系。

表 4.1　师范生数学情感素养指标体系咨询专家信息一览表

工 作 单 位	职 称	导 师 类 型	主要研究方向
华东师范大学	教授	博士生导师	数学教育
天津师范大学	教授	博士生导师	数学教育
浙江师范大学	教授	博士生导师	数学教育
西北师范大学	教授	博士生导师	数学教育
辽宁师范大学	教授	硕士生导师	数学教育
福建师范大学	教授	博士生导师	数学教育
福建师范大学	教授	博士生导师	数学教育
福建师范大学	副教授	硕士生导师	数学教育
闽南师范大学	教授	硕士生导师	数学教育
江苏南通大学	副教授	硕士生导师	数学教育
闽南师范大学	教授	硕士生导师	数学
闽南师范大学	教授	硕士生导师	数学
闽南师范大学	教授	硕士生导师	教育学
闽南师范大学	副教授	硕士生导师	教育学

注：专家工作单位排序不分先后。

4.3　师范生数学情感素养指标体系的具体设计

情感素养是心理学范畴一个相对较新的概念，梳理以往文献发现，国内关于这方面的研究相对较少，现有研究中，对情感素养（情感素质）研究较深入的当属卢家楣及其科研团队的研究成果。2009 年，卢家楣对“青少年情感素质”进行了全面系统的概念界定，将其外延划分为情感操作层次和情感本体层次两个层次，其中情感操作层次就是情感能力，而情感本体层次包括人际情感、理智情感、道德情感、审美情感、生活情感五类。这种划分方法在国内学术界产生了广泛影响，成为情感教育研究的理论基础。

青少年是祖国的栋梁，他们的情感发展固然重要；但未来从事数学教育工作的高师数学专业学生，肩负着培育年轻一代数学素养的使命，他们的数学情感状况对其自身或对未来教育对象的发展都是至关重要的，尤其在《国家中长期教育改革和发展规划纲要(2010—2020年)》提出的"教育大计，教师为本，努力造就一支高素质专业化教师队伍"新背景下显得尤为重要。尽管笔者对高师数学专业学生的学习状态比较了解，对师范生的数学情感与投入状况也有一些直观感受，但是要具体、明确、量化描述高师数学专业学生的数学情感素养状况，仅凭现有的评价工具，无能为力。因此，构建师范生数学情感素养指标体系、编制具有较高信效度的师范生数学情感素养测试问卷势在必行。

要编制师范生数学情感素养的测试问卷，首先必须明晰师范生数学情感素养的概念和结构。上一章已经界定了师范生数学情感素养的概念，并将其外延划分为数学道德情感、数学理智情感、数学审美情感三个维度，但这只是一个比较粗糙的结构，这三个维度具体包括哪些指标，这些指标的权重分别多少，还需要借助工具并通过实证研究来解决。

4.3.1 师范生数学情感素养指标体系的设计过程

1. 文献资料法确定一级指标，收集相关下属指标词条

首先，依据师范生数学情感素养的概念和外延，确定数学道德情感、数学理智情感、数学审美情感为指标体系的一级指标。

其次，在社会主义核心价值观的指导下，以数学基本特征、与师范生培养相适应的、情感素养3个维度的交集为研究范围，参照我国普通高中数学核心素养、中国大学生核心素养、中国学生发展核心素养、情感素质的指标体系，梳理了文献综述中收集的词条(前文已述的，在此不再赘述)，具体如下：

(1)《国家中长期教育改革和发展规划纲要(2010—2020年)》在"人才培养体制"一章中强调："注重学思结合……激发学生好奇心，培养学生兴趣爱好，营造独立思考、自由探索、勇于创新的良好环境……探索促进学生发展的多种评价方式，激励学生乐观向上、自主自立、努力成才。"[268]

(2)《国家教育事业发展"十三五"规划》提出"不断提高学生思想水平、政治觉悟、道德品质、文化素养"的立德树人基本原则；明显提高学生思想道德素质、社会责任感、创新精神等教育主要目标；提升学生认同感、尊严感、荣誉感、责任感等思想道德水平；注重激发学生学习兴趣、科学兴趣、创新意识……培养学生逻辑思维与辩证思维”[269]。

(3) 朱小蔓认为道德情感包括安全感、依恋感、自我悦纳感、快乐和由此产生的同情、怜悯、自尊、自爱、荣誉心、责任心、利他心及崇高感等[270]。

(4) 燕国材在著名心理学家潘寂提出的二元论——意向活动和认知活动构成人全部心理活动的基础上，指出在人全部心理活动中，非智力因素是指在改造客观世界过程中，人的意向活动逐步形成的一系列稳定的心理特点或因素，主要包括动机、兴趣、感情、意志与性格五个因素，具体为成就动机、求知欲望、学习热情、责任感、义务感、荣誉感、自信心、自尊心、好胜心、顽强性、自制性、独立性[264]。他认为，在学习工作中，要利用好五个因素及三个“心”(自信心、自尊心、好胜心)、三个“感”(义务感、责任感、荣誉感)、三个“性”(坚持性、自制性、独立性)[232]。

(5) 国际组织、各国及地区核心素养结构[261]中非智力因素的相关描述在第 3 章已详细描述，此处不再赘述[236]。

(6) 中国学生发展核心素养的九大核心素养[237](第 3 章已详细描述，此处不再赘述)。

(7) 林崇德在《构建中国化的学生发展核心素养》一文中，提出非智力因素有学会生活、健康生活、人文底蕴、科学精神、责任担当、人文情怀、审美情趣、理性思维、勇于探究、乐学善学、善于反思、健全人格、自我管理、责任担当、社会责任、国家认同等[258]。

(8) 刘霞等人在《我国学生发展核心素养的实证调查》中指出，学生核心素养中包含的非智力因素有心理健康与创新精神、自我管理、合作、道德品质、国家认同、社会责任与公民义务等[271]。

最终整理出的数学美的词条有对称美、和谐美、严谨美、奇异美、逻辑美、内容美、形式美、思想美、简洁美、创新美、图形美、思辨美、自然美感、人文美感、科学美感、仪态美感。

此外，与情感有关的词语还包括教学信念、教学兴趣、师德师风、教育信念、文化底蕴、师德高尚、从教态度、自我教育意识、教育理念、职业动力、情绪稳定、乐群、热爱教学工作、关爱尊重学生、以学生为中心、热爱学科、公正、尊重、责任感、对数学学习负责、沟通与合作、爱国感、责任感、正直感、信用感、公平感、公益感、奉献感、成就感、自信感、探究感、合作感、亲密感、专业感、乐学感、好奇感、宽容感、恋爱感、感恩感、关爱感、自强感、自立感、自尊感、珍爱感、幸福感、乐观感、执着感、理解他人等。

将上述与情感素养有关的词语初步归入到相应的一级指标，具体如下：

(1) 数学道德素养：爱国感、责任感、公平感、正直感、公益感、信用感、奉献感、敬业感、义务感、原则感、合作感、宽容感、感恩感、关爱感、友善感、诚信感、同情、同情心、怜悯、荣誉心、荣誉感、利他心、数学知识的认同感和信任感、爱心、公正、健康心态、正直诚实、上进、奉献职业热情[272]。

(2) 数学理智素养：好奇感、求知欲望、好胜心、成就动机、探究感、成就感、乐学感、学习热情、专业感、自信心、灵活性、适应性、自强感、顽强性、自立感、独立性、自制性、自尊感、自尊心、自尊、自爱、快乐、珍爱感、幸福感、乐观感、开心、自我悦纳感。

(3) 数学审美素养：科学美感、神秘美感、奇巧美感、崇高感、无限美感、反常美感、自然美感、突变美感、人文美感、简洁美感、仪态美感、对称美感、统一美感。

2. 补充二级指标词条

师范生数学情感素养指标体系的构建工作量很大，因而在对二级指标词条进行补充时，采用开放式问卷(附录 1 和附录 2)调查法和结构式访谈法。

(1) 开放式问卷调查法

一是选取某地方师范院校数学师范专业大一至大四学生各 1 个教学班共 203 名学生作为调查对象。起初，笔者请各年级辅导员协助将问卷发送至被测班级群，但从答卷人数和词条填写情况来看，效果并不理想。于是，调整测试计划，选取该地方师范院校数学师范专业学习成绩良好、立志当中小学数学教师的同学为被测对象，每班选取 15～20 名同学。在辅导员的帮助下，笔者将被测学生集中到一间大教室，首先介绍问卷调查的目的及意义，接着呈现前期文献检索收集到的情感相关词条，并对词条进行解释，表明可以参考提供的词语填写问卷，也可填写自己认可的其他词条，最后发放问卷(线上)。最终，收集学生有效问卷为 189 份(男生 73 人、女生 116 人)，其中大一学生 19 人，大二学生 41 人，大三学生 53 人，大四学生 76 人。参与问卷调查的学生年龄为 18～23 岁。

通过文献检索收集到的情感相关词语

爱国、原则、责任、义务、公平、正直、严谨、逻辑、公益、信用、奉献、好奇、探究、自信、成就、乐学、专业、亲密、合作、宽容、包容、感恩、关爱、自强、自立、自尊、珍爱、幸福、乐观、同情、诚信、诚实、坚毅、质疑、自律、反思、乐群、亲切、幽默、真诚、尊重、信任、合作、归属、执着、热爱、淡泊、荣誉、好胜心、顽强、自制、自爱、快乐、统一美、对称美、简洁美、突变美、反常美、无限美、奇巧美、思辨美、和谐美、严谨美、奇异美、逻辑美、内容美、形式美、思想美、创新美、图形美、神秘美、仪表美、仪态美、艺术美、环境美、自然美、人文美、科学美等

二是选取地方师范院校数学师范专业学生辅导员和专任教师为调查对象。采用 QQ 或微信平台发送开放式问卷时，将上述通过文献检索收集到的情感相关词语一并附上，作为教师填写问卷的参考，声明可以填写自己认可的其他情感词语，并留给教师足够的思考及填写问卷时间。本次共收集教师问卷 43 份(男性 18 人、女性 25 人)；辅导员有效问卷 5 份，工龄为 3～15 年；一线教师有效问卷 38 份，教龄为 2～30 年。

(2) 结构式访谈法

调查问卷见附录 2。笔者选取地方师范院校数学师范专业学生的 3 名辅导员、8 名教学一线任课教师进行访谈，尤其在参加 2018 年 4 月 17—19 日在南京召开的普通高校师范类专业认证培训、2018 年 6 月 19—22 日在重庆召开的全国数学教育教学改革与发展研讨会暨数学教育博(硕)士生论坛会议期间，访谈了 3 名数学教育学专家、4 名一线教师，并从中获得了词条。通过访谈，不仅对词条的数目进行了补充和完善，还加强了对词条的深入理解。

采用问卷星软件发放开放式问卷调查，使用该软件的“统计与分析”功能，并结合 SPASS 17.0、Excel 等工具进行数据分析与处理。

调查结果如下：此次调查共收集 135 个反映师范生数学情感特点的初始词条。在初步收集的词条中，虽然有些词条的措词不同，但表达的意思十分接近，研究通过对相同或相近词条的合并与删减后，得到师范生数学情感素养初始词条 58 条。

3. 构建初始的师范生数学情感素养指标体系

从列举的词语归纳表看出，由于数学情感概念外延与内涵的模糊性，教师、学生所列举的个别词语属于个体人格或生理特点，并非情感性词语。为了进一步归纳开放性调查问卷，剔除非情感性词语，笔者借鉴数学情感素养(素质)已有的研究成果，把词语归入数学道德情感、数学理智情感、数学审美情感三

类中。

根据教师与学生提到的数学情感词语，参考相关文献研究结果，在征求专家意见的基础上，设计师范生数学情感素养初始指标体系。之后在相关专家的指导下，结合前期调研结果对初始指标体系进行了反复修改与完善，初步形成了包括3个一级指标、22个二级指标的师范生数学情感素养初始指标体系，如表4.2所示。

表4.2 师范生数学情感素养初始指标体系

一级指标名称	二级指标名称
(1)数学道德情感	① 数学原则感 ② 数学责任感 ③ 数学宽容感 ④ 数学合作感 ⑤ 数学奉献感
(2) 数学理智情感	① 数学乐学感 ② 数学探究感 ③ 数学好奇感 ④ 数学成就感 ⑤ 数学自强感 ⑥ 数学自信感 ⑦ 数学执着感 ⑧ 数学严谨感 ⑨ 数学逻辑感
(3) 数学审美情感	① 数学统一美感 ② 数学对称美感 ③ 数学简洁美感 ④ 数学突变美感 ⑤ 数学反常美感 ⑥ 数学无限美感 ⑦ 数学奇巧美感 ⑧ 数学神秘美感

为了研究需要，在参考相关研究文献和征求专家意见的基础上，对师范生数学情感素养初始指标体系的3个一级指标、22个二级指标所包含的数学情

感进行了定义,从而为师范生数学情感素养词语评定的调查提供了一定基础。

(1) 数学道德情感是指高师院校数学专业学生在数学学习活动中用道德原则去感知各种数学现实所体验到的情感心理特征。所包含二级指标分别为:① 数学原则感,主要是指对数学学习勇于坚持原则、主张公正的情感;② 数学责任感,主要是指对数学学习勇于承担并尽力完成的情感;③ 数学宽容感,主要是指能原谅他人所犯的数学错误而心安的情感;④ 数学合作感,主要是指愿意与他人共同完成数学任务的情感;⑤ 数学奉献感,主要是指为数学学习心甘情愿、默默付出、不图回报的情感。

(2) 数学理智情感是指高师院校数学专业学生在获得数学知识并把数学知识应用于实际过程中所产生的情感心理特征。所包含二级指标分别为:① 数学乐学感,主要是指乐于学习数学的情感;② 数学探究感,主要是指乐于对数学概念、原理、思想方法与技能等进行研究的情感;③ 数学好奇感,主要是指易于对数学新概念、新原理、新方法和新技能等产生兴趣的情感;④ 数学成就感,主要是指在数学学习中追求成功的情感;⑤ 数学自强感,主要是指在数学学习中克服困难、积极进取、求得自我数学发展的情感;⑥ 数学自信感,主要是指对自己学习数学能力确信的情感;⑦ 数学执着感,主要是指对数学学习坚持不懈、永不放弃的情感;⑧ 数学严谨感,主要是指在数学学习中严肃谨慎、追求完美的情感;⑨ 数学逻辑感,主要是指在数学学习中保持特有的规律性、秩序性的情感。

(3) 数学审美情感是指高师院校数学专业学生根据美学概念去感知数学知识及数学认知活动而产生的情感心理特征。所包含二级指标分别为:① 数学统一美感,主要是指欣赏数学概念、规律、方法、理论及与其他科学的统一而形成的情感;② 数学对称美感,主要是指欣赏数学对象的系统性、不变性、守恒性、对偶性、周期性、等价性与匀称等对称而产生的情感;③ 数学简洁美感,主要是指欣赏数学的逻辑结构、方法与表达形式的简单性而产生的情感;④ 数学突变美感,主要是指欣赏数学世界中诸如函数的极值点、连续曲线的中断、曲线的尖点等突变现象而形成的情感;⑤ 数学反常美感,主要是指欣赏数学的反常事实、反常命题、反常运算、反常理论、反常方法等现象而形成的情感;⑥ 数学无限美感,主要是指欣赏数学理论中的无限现象而形成的情感;⑦ 数学奇巧美感,主要是指欣赏数学中充满奇巧的符号、图形、算式、公式和方法而形成的情感;⑧ 数学神秘美感,主要是指欣赏数学对象本质没有充分暴露之前的神秘或不可思议现象而形成的情感。

4. 形成师范生数学情感素养指标体系

对形成的师范生数学情感素养初始指标体系建构采用德尔菲法，即专家问卷法。

发放第一轮师范生数学情感素养指标体系专家咨询问卷(附录4)，请专家对各指标从重要程度进行等级评定，具体分为“非常重要”(9分)、“很重要”(7分)、“比较重要”(5分)、“有点重要”(3分)、“不太重要”(1分)。此次共发放专家问卷14份，回收有效问卷12份。专家在第一轮咨询问卷中除了对指标体系各项指标的重要程度进行不同分值评价外，还提出了一些具体修改建议。例如，有教育学专家对一级指标提出如下建议：“情感的三分法是一种传统的分类方法，它基于哲学的思考。当应用于特定领域——师范生数学情感时，如果在方法学上没找到更细微的能显示数学情感特异性的划分方式，这也不失为一种保守策略。”有数学专家认为：“一级指标的概念界定比较合理，例如，数学道德情感是指高师数学专业学生在数学学习活动中用道德原则去感知各种数学现实所体验到的情感心理特征。”还有专家认为：“编制恰当的指标是研究的难点。理智感、美感的指标过多，建议4～6个指标就好，预研究可以实现减少指标。小心若干指标之间可能共变。”

对收回的有效问卷，从均值、标准差和变异系数三个方面对各指标的重要度进行评价。均值是指专家对指标重要性意见的集中程度，数值越大，表示指标越重要；标准差是指专家对指标重要性程度评价的离散程度；变异系数据是指专家对指标评价意见的协调程度。各指标第一轮专家意见得分情况如表4.3所示。

表4.3 师范生数学情感素养指标体系第一轮专家问卷得分表

指标名称	均值	标准差	变异系数
(1) 数学道德情感	6.3	1.632994	0.257841
① 数学原则感	8.6	1.208111	0.141208
② 数学责任感	7.4	1.257079	0.168861
③ 数学宽容感	6.3	2.101668	0.331842
④ 数学合作感	6.7	1.474056	0.217484
⑤ 数学奉献感	7.0	1.913062	0.273295
(2) 数学理智情感	8.8	0.628538	0.071606
① 数学乐学感	7.2	1.351724	0.187162

续表

指标名称	均值	标准差	变异系数
② 数学探究感	8.1	0.993808	0.122524
③ 数学好奇感	7.9	1.677741	0.212671
④ 数学成就感	8.3	0.942809	0.113137
⑤ 数学自强感	7.2	1.367865	0.189397
⑥ 数学自信感	7.9	0.993808	0.125976
⑦ 数学执着感	7.9	1.36987	0.173645
⑧ 数学严谨感	9.0	0	0
⑨ 数学逻辑感	8.3	1.314684	0.157762
(3) 数学审美情感	7.7	1.333334	0.173913
① 数学统一美感	7.9	1.391726	0.176416
② 数学对称美感	7.9	0.993808	0.125976
③ 数学简洁美感	8.8	0.725775	0.082683
④ 数学突变美感	5.7	1.885618	0.332756
⑤ 数学反常美感	5.3	2.297491	0.439945
⑥ 数学无限美感	7.0	1.632993	0.233285
⑦ 数学奇巧美感	7.4	0.818175	0.109904
⑧ 数学神秘美感	7.2	2.199888	0.304600

首先删除均值小于 6.0 的一级指标、均值小于 6.5 的二级指标，并结合标准差和变异系数进行验证。表 4.3 显示，可以删除的二级指标为“数学宽容感”“数学突变美感”“数学反常美感”。同时，这三个指标的变异系数均大于 0.3，表示各位专家对这几个指标的意见比较不一致。

根据第一轮专家问卷的统计得分表，结合专家的具体意见，对指标体系进行修改。修改的内容主要表现在以下方面：

(1) 删除均值小于 6.5 的三个二级指标，即“数学宽容感”“数学突变美感”“数学反常美感”。

(2) 将“数学理智情感”的二级指标“数学探究感”和“数学好奇感”进行合并，命名为“数学探奇感”。

(3) 将“数学审美情感”的二级指标“数学简洁美感”改为“数学简单美感”。

(4) 将“数学审美情感”的二级指标“数学突变美感”“数学反常美感”“数学无限美感”“数学奇巧美感”“数学神秘美感”进行合并，命名为“数学奇异美感”。

(5) 修改一级指标"数学理智情感"的定义,即高师数学专业学生在获得数学知识、能力、方法并将其应用于实际过程中所产生的情感心理特征。

(6) 将"数学理智情感"合并后的二级指标"数学探奇情感"定义为易于对数学新概念、新原理、新方法和新技能等产生兴趣,并乐于对其进行研究的情感;"数学成就感"的定义改为在数学学习中获得成功的情感;"数学逻辑感"的定义改为在数学认知活动中对数学公理化下的结论进行研究、推理分析而产生的情感。

(7) 将"数学审美情感"的二级指标"数学统一美感"的定义改为根据美学概念感知数学理论的统一,数学规律、概念和方法的统一,数学同其他科学的统一而形成的情感;"数学对称美感"的定义改为根据美学概念感知数学形态或结构的均衡性与匀称性、数学形态或结构变化的周期性与节律性等对称而产生的情感;"数学简单美感"定义为根据美学概念感知数学的逻辑结构、方法、表达形式的简单性而产生的情感;合并后的二级指标"数学奇异美感"定义为根据美学概念感知数学的突变性、反常性、无限性和神秘性而形成的情感。

修改后的师范生数学情感素养指标体系(第二轮专家问卷)如表 4.4 所示。

表 4.4 师范生数学情感素养指标体系(第二轮专家问卷)

一级指标名称	二级指标名称
(1) 数学道德情感	① 数学原则感 ② 数学责任感 ③ 数学合作感 ④ 数学奉献感
(2) 数学理智情感	① 数学乐学感 ② 数学探奇感 ③ 数学成就感 ④ 数学自强感 ⑤ 数学自信感 ⑥ 数学执着感 ⑦ 数学严谨感 ⑧ 数学逻辑感
(3) 数学审美情感	① 数学统一美感 ② 数学对称美感 ③ 数学简单美感 ④ 数学奇异美感

发放第二轮师范生数学情感素养指标体系专家咨询问卷，请专家再次对各指标进行评定。共发出专家问卷 12 份，回收有效问卷 12 份。对第二轮咨询问卷进行统计分析，结果如表 4.5 所示。

表 4.5　师范生数学情感素养指标体系第二轮专家问卷得分表

指标名称	均值	标准差	变异系数
(1) 数学道德情感	7.222222	1.749779	0.242277
① 数学原则感	8.111111	1.979317	0.244025
② 数学责任感	6.777778	1.987616	0.293255
③ 数学合作感	6.111111	1.369870	0.224161
④ 数学奉献感	6.111111	2.330686	0.381385
(2) 数学理智情感	8.777778	0.628540	0.071606
① 数学乐学感	7.000000	2.309401	0.329914
② 数学探奇感	8.333333	1.018350	0.122202
③ 数学成就感	8.333333	0.942809	0.113137
④ 数学自强感	7.222222	1.474056	0.204100
⑤ 数学自信感	7.222222	1.474056	0.204100
⑥ 数学执着感	7.444444	1.571348	0.211077
⑦ 数学严谨感	8.777778	0.628540	0.071606
⑧ 数学逻辑感	9.000000	0.074074	0.008230
(3) 数学审美情感	7.444444	1.257079	0.168861
① 数学统一美感	8.111111	1.369870	0.168888
② 数学对称美感	7.666667	1.365858	0.1781554
③ 数学简单美感	7.666667	1.632993	0.212999
④ 数学奇异美感	7.222222	1.133116	0.1568930

从表 4.5 可以看出，专家对第二轮问卷中的师范生数学情感素养指标体系各级指标都比较认可，同时也有专家提出了一些修改建议。在对第二轮专家问卷调查结果进行统计分析的基础上，结合专家建议，进一步修改指标体系，具体内容包括以下几个方面：

(1)"数学奉献感"的变异系数为 0.381385，"数学乐学感"的变异系数为 0.329914，这表明各位专家对这两个指标的意见比较不一致。鉴于"数学合作感"与"数学奉献感""数学乐学感"与"数学探奇感"存在逻辑交叉，故删除"数学奉献感”和“数学乐学感”这两个指标。

(2) 由于“数学自强感”“数学成就感”和“数学自信感”存在逻辑包含关系，“数学统一美感”是一种广义的“数学简单美感”，故删除“数学成就感”“数学自信感”和“数学简单美感”这三个指标。

(3) 根据师范生数学情感素养研究本源，结合专家提出的宝贵意见，笔者对指标体系的3个一级指标、11个二级指标的定义进行重新描述，具体见4.3.3体系词条解释说明。

经过修改，最终形成了包括3个一级指标、11个二级指标的师范生数学情感素养指标体系，如表4.6所示。

表4.6 师范生数学情感素养指标体系一览表

指标名称	均值	标准差	变异系数
(1) 数学道德情感	7.222222	1.749779	0.242277
① 数学原则感	8.111111	1.979317	0.244025
② 数学责任感	6.777778	1.987616	0.293255
③ 数学合作感	6.111111	1.369870	0.224161
(2) 数学理智情感	8.777778	0.628540	0.071606
① 数学探奇感	8.333333	1.018350	0.122202
② 数学自强感	7.222222	1.474056	0.204100
③ 数学执着感	7.444444	1.571348	0.211077
④ 数学严谨感	8.777778	0.628540	0.071606
⑤ 数学逻辑感	9.000000	0.074074	0.008230
(3) 数学审美情感	7.444444	1.257079	0.168861
① 数学统一美感	8.111111	1.369870	0.168888
② 数学对称美感	7.666667	1.365858	0.1781554
③ 数学奇异美感	7.222222	1.133116	0.1568930

数学道德情感是指高师院校数学专业学生在数学学习活动中用道德原则去感知各种数学现实所体验到的情感心理特征。所包含的3个下属词条分别为：① 数学原则感，指在数学学习中形成做事坚持原则的情感；② 数学责任感，指在数学学习中形成对自己分内的事勇于承担、努力完成的情感；③ 数学合作感，指在数学学习中形成愿意与他人共同合作的情感。

数学理智情感是指高师院校数学专业学生获得数学知识、能力、方法并将其应用于实际过程中所产生的情感心理特征。所包含的5个下属词条分别为：① 数学探奇感，指在数学学习中形成对新事物充满好奇、并乐于对其进行探究的情感；② 数学自强感，指在数学学习中形成克服困难、积极进取、求得自我发展的情感；③ 数学执着感，指在数学学习中形成坚持不懈的情感；④ 数学严谨感，指在数学学习中形成严肃谨慎、细致周全、追求完美的情感；⑤ 数学逻辑感，指在数学学习中形成分析、抽象、归纳、演绎等逻辑情感。

数学审美情感是指高师院校数学专业学生根据美学概念去感知数学知识及数学认知活动而产生的情感心理特征。所包含的3个下属词条分别为：① 数学统一美感，指在数学学习中形成感知简洁、统一美的情感；② 数学对称美感，指在数学学习中形成感知均衡、匀称、周期性美的情感；③ 数学奇异美感，指在数学学习中形成感知突变、反常、无限、奇巧、神秘美的情感。

4.3.2　多属性群决策指标权重确定方法

指标权重的确定通常采用主观赋权法或客观赋权法。主观赋权法认为各评价指标对评价目标相对重要程度的量化值为权重的本质，权重值主要由各评价专家根据各个指标的重要程度来确定。[273]客观赋权法认为通过指标数据差异来反映权重变化是重要原则，主要是将指标数据的实际信息反映到评价函数综合权重中。[274]客观赋权法认为各评价指标权重的大小取决于各属性值数列的离散数值的相对大小，其主要特点是消除主观赋权法的“主观随意性”。[273]

在实际运用中，因客观赋权法更具科学性而被很多研究所采用。客观赋权法的方法有很多种，如因子分析法、变异系数法、局部变权法、灰色关联分析法、熵权系数法等。被学者们使用较多的变异系数法具有两个优势：一是充分利用各指标监测数据提供的信息；二是变异系数的归一化处理，可防止因指标量纲不同对权重产生的影响，以客观反映指标对于目标的相对重要程度。在师范生数学情感素养指标体系研究中，也可通过变异系数法对各指标的权重进行确定。鉴于笔者学术的研究①，本书采用基于优势关系的多属性群决策方法，来确定师范生数学情感素养指标体系各指标的权重。

笔者于2014年9月、2018年4月在国内核心期刊《计算机工程与应用》杂志上分别发表了题为《基于优势关系全序化的球队攻守能力评价研究》[275]和

① 笔者硕士阶段攻读的是基础数学专业理学学位，研究方向为不确定理论及其应用。

《基于优势关系的多属性群决策方法》[276]的两篇论文，并于 2020 年在国际杂志 *Hacettepe Jouarnal of Mathematics and Statistics*(SCI)发表了题为 *Cross-complementary Subsets in Paratopological Groups* 的论文。在对师范生数学情感素养进行深入研究后，笔者鉴于仿拓扑群的交叉互补子集[277]理论思想，发现自己提出的基于优势关系的多属性群决策方法，恰好可用于对师范生数学情感素养指标权重的确定。将不确定理论及其应用的研究成果应用于数学教育领域，是一种学科交叉方法，在方法论上更是一种创新。下面详细介绍这个方法在师范生数学情感素养权重确定上的具体应用。

1. 基于优势关系的多属性群决策方法

多属性群决策是群体决策和多属性决策的一个交叉研究方向，是现代决策理论的重要组成部分，由于具有客观理性、集思广益、可最大限度减少决策中不合理因素等特点，其理论与方法在科技、工程、政治、军事、经济和管理等领域得到了广泛应用。[278]因此，多属性群决策问题的相关研究具有重要的现实意义和一定的实用价值。近年来，经过国内外学者的不懈努力，多属性群决策问题取得了一定的发展，目前主要用于解决有限方案中具有多个属性(或评价指标)的排序和优选问题。[3,279-281]粗糙集理论[282]最早于 1982 年由波兰科学家 Z. Pawlak 提出，由于其无须借助任何先验知识，能通过对现在数据的有效分析与推理，揭示数据的潜在规律，在知识发现、模式识别、机器学习、数据挖掘等领域得到了广泛应用。[283-285]

由于多属性群决策理论中的决策矩阵描述同粗糙集中的信息系统描述相类似，故利用粗糙集理论来研究多属性决策问题俨然成为当今决策分析领域中一个新的研究方向。截至目前，基于粗糙集的多属性决策[286-294]主要有分级决策和排序决策两类。分级决策的主要方法是在优势粗糙集模型中，提取信息系统中的分级决策规则，并在群决策环境中研究分级规则选择及其融合问题。排序决策主要先利用熵方法与属性重要度的计算求得属性权重，再集结决策矩阵中的判断得到整体方案的排序，这种方法主要用于群决策及多属性决策中排序决策问题解决。通常，在基于粗糙集的多属性群决策排序模型中，都直接集结专家给出的决策判断矩阵得到排序结果，很少考虑其决策属性。然而，在实际决策问题中，专家可能既给出每个对象的属性评价值，又对其进行初步分级决策，在这种情况下，最终决策应该在结合属性评分信息的基础上同时考虑初步决策。

当前的多属性群决策模型没有考虑决策属性，主要通过加权集结决策矩阵中的取值得出方案的序。优势关系是粗糙集中用于描述信息系统上优劣关系的一种刻画。在决策问题中,利用优势关系方法获得的规则与利用粗糙集方法获得的决策规则一致,而且用优势关系方法能对所有属性的取值都给出决策结果。[295]在现有研究模型的基础上考虑系统中的决策属性,并给出一种新的基于优势关系的多属性群决策的模型描述,具体计算方法已在前文介绍,在此不再赘述。

为了便于理解,先对粗糙集理论的相关基本概念介绍。

定义 4.1[295]　设$(K,\leqslant)$满足以下性质:

(1) 自反性:$x\leqslant x(x\in K)$;

(2) 反对称性:当 $x\leqslant y, y\leqslant x$ 时, $x=y(x,y\in K)$;

(3) 传递性:当 $x\leqslant y, y\leqslant z$ 时, $x\leqslant z(x,y,z\in K)$。

其中,$(K,\leqslant)$为偏序集。若进一步有$\forall x,y\in K$,且 $x\leqslant y$ 或 $y\leqslant x$,则$(K,\leqslant)$是全序集。

定义 4.2[295]　设(U,A,F)是连续值信息系统,其中 $U=\{x_1,x_2,\cdots,x_n\}$为对象集,$A=\{a_1,a_2,\cdots,a_m\}$为属性集,$F=\{f_l:U\rightarrow V_l(l\leqslant m)\}$为对象与属性之间的关系集,$V_l$ 为属性 a_l 的有限值域。对于任意属性集 $B\subseteq A$,记

$$R_B^{\leqslant}=\{(x_i,x_j)\in U^2\mid f_l(x_i)\leqslant f_l(x_j)(a_l\in B)\}$$

其中,$R_B^{\leqslant}$ 为连续值信息系统(U,A,F)上的优势关系,$(x_i,x_j)\in R_B^{\leqslant}$ 表示对象 x_j 在属性集 B 上优于对象 x_i。

定义 4.3[295]　记$[x_i]_B^{\leqslant}=\{x_j\mid(x_i,x_j)\in R_B^{\leqslant}\}$,则$[x_i]_B^{\leqslant}$ 表示在属性集 B 条件下,优于对象 x_i 的所有对象集合,称为 x_i 的优势类。

多属性群决策问题的实质是利用群体专家对评价属性及决策属性给出的评判信息,通过一定的方法对待选方案进行全面分析、合理排序、选择最优及综合评价,以找到一种便捷的排序方法。基于此,本书借鉴粗糙集优势关系与属性联系度等有关知识,将优势关系引入多属性群决策的对象排序问题,并提出了基于优势关系的多属性群决策排序方法。

在多属性群决策问题中,为了对各属性进行关系分析,先引入优势粒结构的定义,并研究优势粒结构相似度的定义及其相关性质。

定义 4.4　设 $U=\{x_1,x_2,\cdots,x_n\}$为非空论域,$\leqslant_B$ 为 U 上的优势关系,定义 $U/\leqslant_B=\{[x_1]_B^{\leqslant},[x_2]_B^{\leqslant},\cdots,[x_n]_B^{\leqslant}\}$为论域 U 在$\leqslant_B$ 下的优势粒结构。

定义 1.5　设 $U=\{x_1,x_2,\cdots,x_n\}$为非空论域,B 是 U 上所有优势关系构成的集合,任意的$\leqslant_{B_1},\leqslant_{B_2}\in B$,$U/\leqslant_{B_1}=\{[x_1]_{B_1}^{\leqslant},[x_2]_{B_1}^{\leqslant},\cdots,[x_n]_{B_1}^{\leqslant}\}$,$U/\leqslant_{B_2}=\{[x_1]_{B_2}^{\leqslant},[x_2]_{B_2}^{\leqslant},\cdots,[x_n]_{B_2}^{\leqslant}\}$是其相应的优势粒结构。定义 $U/\leqslant_{B_1}$ 与 $U/\leqslant_{B_2}$ 之

间的相似度为

$$\mathrm{sim}(U/\leqslant_{B_1},U/\leqslant_{B_2})=1-\frac{1}{n-1}\sum_{i=1}^{n}\frac{|[x_i]_{B_1}^{\leqslant}\oplus[x_i]_{B_2}^{\leqslant}|}{n} \tag{1}$$

式中,$\oplus$为集合的对称差运算,为方便计算,将 $\mathrm{sim}(U/\leqslant_{B_1},U/\leqslant_{B_2})$简记为 $\mathrm{sim}(\leqslant_{B_1},\leqslant_{B_2})$。

性质 4.1 任意的$\leqslant_{B_1},\leqslant_{B_2}\in B$,有 $0\leqslant\mathrm{sim}(\leqslant_{B_1},\leqslant_{B_2})\leqslant1$。特别地,若$\leqslant_{B_1}=\leqslant_{B_2}$,则 $\mathrm{sim}(\leqslant_{B_1},\leqslant_{B_2})=1$。

证明 (1) 由于$\leqslant_{B_1},\leqslant_{B_2}$具有自反性,所以对$\forall x_i\in U$,$U=\{x_1,x_2,\cdots,x_n\}(n\geqslant2)$,$\{x_i\}\subseteq[x_i]_{B_1}^{\leqslant}$,$\{x_i\}\subseteq[x_i]_{B_2}^{\leqslant}$,因此,$\varnothing\subseteq[x_i]_{B_1}^{\leqslant}\oplus[x_i]_{B_2}^{\leqslant}\subseteq U-\{x_i\}$。故

$$0\leqslant|[x_i]_{B_1}^{\leqslant}\oplus[x_i]_{B_2}^{\leqslant}|\leqslant n-1$$

$$0\leqslant\frac{|[x_i]_{B_1}^{\leqslant}\oplus[x_i]_{B_2}^{\leqslant}|}{n}\leqslant\frac{n-1}{n}$$

$$0\leqslant\frac{1}{n-1}\sum_{i=1}^{n}\frac{|[x_i]_{B_1}^{\leqslant}\oplus[x_i]_{B_2}^{\leqslant}|}{n}\leqslant1$$

$$0\leqslant1-\frac{1}{n-1}\sum_{i=1}^{n}\frac{|[x_i]_{B_1}^{\leqslant}\oplus[x_i]_{B_2}^{\leqslant}|}{n}\leqslant1$$

即

$$0\leqslant\mathrm{sim}(\leqslant_{B_1},\leqslant_{B_2})\leqslant1$$

(2) 特别地,$\forall x_i\in U$,因为$\leqslant_{B_1}=\leqslant_{B_2}$,所以$[x_i]_{B_1}^{\leqslant}=[x_i]_{B_2}^{\leqslant}$,则$[x_i]_{B_1}^{\leqslant}\oplus[x_i]_{B_2}^{\leqslant}=\varnothing$,即$|[x_i]_{B_1}^{\leqslant}\oplus[x_i]_{B_2}^{\leqslant}|=0$,所以

$$\begin{aligned}\mathrm{sim}(\leqslant_{B_1},\leqslant_{B_2})&=1-\frac{1}{n-1}\sum_{i=1}^{n}\frac{|[x_i]_{B_1}^{\leqslant}\oplus[x_i]_{B_2}^{\leqslant}|}{n}\\&=1-\frac{1}{n-1}\sum_{i=1}^{n}\frac{0}{n}=1-0=1\end{aligned}$$

性质 4.2 设 $U=\{x_1,x_2,\cdots,x_n\}(n\geqslant2)$,$\leqslant_{B_1},\leqslant_{B_2}\in B$,其中,$\leqslant_{B_1}:x_1\leqslant_{B_1}x_2\leqslant_{B_1}\cdots\leqslant_{B_1}x_n$,$\leqslant_{B_2}$是$\leqslant_{B_1}$的逆关系,即$\leqslant_{B_2}:x_n\leqslant_{B_2}x_{n-1}\leqslant_{B_2}\cdots\leqslant_{B_2}x_1$,则 $\mathrm{sim}(\leqslant_{B_1},\leqslant_{B_2})=0$。

证明 $\leqslant_{B_1}:x_1\leqslant_{B_1}x_2\leqslant_{B_1}\cdots\leqslant_{B_1}x_n$,$\forall x_i\in U$,$[x_i]_{B_1}^{\leqslant}=\{x_1,x_2,\cdots,x_i\}$,$\leqslant_{B_2}:x_n\leqslant_{B_2}x_{n-1}\leqslant_{B_2}\cdots\leqslant_{B_2}x_1$,所以对$\forall x_i\in U$,$[x_i]_{B_2}^{\leqslant}=\{x_i,x_{i+1},\cdots,x_n\}$。因此,有$[x_i]_{B_1}^{\leqslant}\oplus[x_i]_{B_2}^{\leqslant}=\{x_1,x_2,\cdots,x_i\}\oplus\{x_i,x_{i+1},\cdots,x_n\}=U-\{x_i\}$,$|[x_i]_{B_1}^{\leqslant}\oplus[x_i]_{B_2}^{\leqslant}|=n-1$,所以

$$\text{sim}(\leqslant_{B_1}, \leqslant_{B_2}) = 1 - \frac{1}{n-1}\sum_{i=1}^{n}\frac{|[x_i]_{B_1}^{\leqslant} \oplus [x_i]_{B_2}^{\leqslant}|}{n}$$

$$= 1 - \frac{1}{n-1}\sum_{i=1}^{n}\frac{n-1}{n} = 1 - 1 = 0$$

性质 4.2 表明,当两个优势关系完全相反时,他们的相似度达到最小值 0。

性质 4.3　设 $U=\{x_1, x_2, \cdots, x_n\}(n \geqslant 2)$,$I$ 是 U 上的恒等关系,E 是 U 上的全域关系,两者均是偏序关系,则 $\text{sim}(I, E)=0$.

证明　$I=\{(x_1, x_1), (x_2, x_2), \cdots, (x_n, x_n)\}$,$E=\{(x_i, x_j) \mid x_i, x_j \in U\}$,则 $\forall x_i \in U$,有 $[x_i]_I^{\leqslant}=\{x_i\}$,$[x_i]_E^{\leqslant}=\{x_1, x_2, \cdots, x_n\}=U$,所以 $[x_i]_I^{\leqslant} \oplus [x_i]_E^{\leqslant} = \{x_i\} \oplus U = U - \{x_i\}$,即 $|[x_i]_I^{\leqslant} \oplus [x_i]_E^{\leqslant}| = n-1$。因此

$$\text{sim}(I, E) = 1 - \frac{1}{n-1}\sum_{i=1}^{n}\frac{|[x_i]_I^{\leqslant} \oplus [x_i]_E^{\leqslant}|}{n}$$

$$= 1 - \frac{1}{n-1}\sum_{i=1}^{n}\frac{n-1}{n}$$

$$= 1 - 1 = 0$$

从优势关系来看,全域关系隐含着 U 上任意两个对象都是可比较关系,而恒等关系则表示任意两个不同对象都是不可比较关系。由此可以判断,这两种关系的相似度达到最小值 0。性质 4.3 恰好验证了这一点。

性质 4.4　设 $U=\{x_1, x_2, \cdots, x_n\}(n \geqslant 2)$,$\leqslant_{B_1}: x_1 \leqslant_{B_1} x_2 \leqslant_{B_1} \cdots \leqslant_{B_1} x_t \leqslant_{B_1} x_{t+1} \leqslant_{B_1} \cdots \leqslant_{B_1} x_n$,将 x_t 与 x_{t+1} 的位置互换得到 $\leqslant_{B_2}: x_1 \leqslant_{B_2} x_2 \leqslant_{B_2} \cdots \leqslant_{B_2} x_{t+1} \leqslant_{B_2} x_t \leqslant_{B_2} \cdots \leqslant_{B_2} x_n$,$1 \leqslant t \leqslant n-1$,则

$$\text{sim}(\leqslant_{B_1}, \leqslant_{B_2}) = 1 - \frac{2}{n(n-1)}(n \geqslant 2)$$

证明　由已知 $\leqslant_{B_1}: x_1 \leqslant_{B_1} x_2 \leqslant_{B_1} \cdots \leqslant_{B_1} x_t \leqslant_{B_1} x_{t+1} \leqslant_{B_1} \cdots \leqslant_{B_1} x_n$,$\leqslant_{B_2}: x_1 \leqslant_{B_2} x_2 \leqslant_{B_2} \cdots \leqslant_{B_2} x_{t+1} \leqslant_{B_2} x_t \leqslant_{B_2} \cdots \leqslant_{B_2} x_n$,易得 $[x_t]_{B_1}^{\leqslant}=\{x_1, x_2, \cdots, x_t\}$,$[x_t]_{B_2}^{\leqslant}=\{x_1, x_2, \cdots, x_t, x_{t+1}\}$,$[x_{t+1}]_{B_1}^{\leqslant}=\{x_1, x_2, \cdots, x_t, x_{t+1}\}$,$[x_{t+1}]_{B_2}^{\leqslant}=\{x_1, x_2, \cdots, x_{t-1}, x_{t+1}\}$。通过计算,得到 $[x_t]_{B_1}^{\leqslant} \oplus [x_t]_{B_2}^{\leqslant}=\{x_{t+1}\}$,$[x_{t+1}]_{B_1}^{\leqslant} \oplus [x_{t+1}]_{B_2}^{\leqslant}=\{x_t\}$。而当 $i \neq t, t+1$ 时,$[x_i]_{B_1}^{\leqslant} \oplus [x_i]_{B_2}^{\leqslant}=\varnothing$。因此,有 $|[x_t]_{B_1}^{\leqslant} \oplus [x_t]_{B_2}^{\leqslant}|=1$,$|[x_{t+1}]_{B_1}^{\leqslant} \oplus [x_{t+1}]_{B_2}^{\leqslant}|=1$,$i \neq t, t+1$ 时,$|[x_i]_{B_1}^{\leqslant} \oplus [x_i]_{B_2}^{\leqslant}|=0$。故有

$$\text{sim}(\leqslant_{B_1}, \leqslant_{B_2}) = 1 - \frac{1}{n-1}\sum_{i=1}^{n}\frac{|[x_i]_{B_1}^{\leqslant} \oplus [x_i]_{B_2}^{\leqslant}|}{n}$$

$$= 1 - \frac{1}{n-1} \times \left(0 + 0 + \cdots + \frac{|[x_t]_{B_1}^{\leqslant} \oplus [x_t]_{B_2}^{\leqslant}|}{n}\right.$$

$$+\frac{|[x_{t+1}]_{B_1}^{\leqslant}\oplus[x_{t+1}]_{B_2}^{\leqslant}|}{n}+0+\cdots+0\Bigg)$$

$$=1-\frac{1}{n-1}\times\frac{2}{n}=1-\frac{2}{n(n-1)}$$

从性质4.4可以看出，当 n 取值较小，如当 $n=2$ 时，交换相邻两个对象位置后，得到这两个优势粒结构的相似度较小，可取最小值0；当 n 取值较大时，交换相邻对象位置后，得到的优势粒结构的相似度比较大。

2. 权重的确定

(1) 属性权重确定

作为影响决策结果准确性的核心——属性的权重系数反映了属性间的相对重要性，因此属性权重系数的确定成了国内外学者的研究热点，目前研究方法主要有层次分析法、模糊综合评价法和德尔菲法等。在多属性决策问题里，对象在各属性的取值均为有序的，对于数值型的属性取值，取值上的不小于就是一个预序；对于语言值的属性取值，规定的不劣于关系亦是一个优势关系；对于区间型或集值型的属性取值，也可以通过合理定义得到相对应的优势关系。[296-297]

在多属性群决策模型中，设专家 $e_k(k=1,2,\cdots,T)$ 的决策系统为 $S^k=(U,A\cup\{d\},f^k)$，记为 $S=\bigcup_{k=1}^{T}S^k$，在属性集 $A=\{a_1,a_2,\cdots,a_m\}$ 中，对任意的 $a_j\in A$，于是将 a_j 在决策系统S 中所确定的不劣于关系定义为$\leqslant_{a_j}=\{(x_{i_1},x_{i_2})\mid f(b_{i_1},a_j)$不劣于 $f(b_{i_2},a_j)\}$，d 在决策系统S 中确定的不劣于关系定义为$\leqslant_d=\{(a_{i_1},a_{i_2})\mid d_{i_1}\geqslant d_{i_2}\}$。如果$\leqslant_{a_j}$同$\leqslant_d$ 优势粒结构的相似度较小，则属性 a_j 在决策系统中的权重较小，反之则较大。

本书由优势关系诱导出优势粒结构，通过属性之间优势粒结构相似度的大小，得到决策系统中属性权重大小的关系分析，进而得到以下加权方法。

定义4.6　属性 $a_j\in A$ 在系统S 中的权重ρ_j，即

$$\rho_j=\frac{\mathrm{sim}(\leqslant_{a_j},\leqslant_d)}{\sum_{i=1}^{m}\mathrm{sim}(\leqslant_{a_i},\leqslant_d)}$$

令 $\rho=(\rho_1,\rho_2,\cdots,\rho_m)$为局部权重向量，$\sum_{j=1}^{m}\rho_j=1$，系统 S 中的属性权重被认为是归一化权重向量。

(2) 专家权重确定

目前对专家权重的设定大多根据专家的专业背景、对决策问题的熟悉程

度、知名度、能力水平，以及根据专家间的相互评价结果来确定。在实际问题中，专家决策的可信度除了考虑这些因素外，还应考虑专家个人评价结果与其他专家评价结果的相互关系。这种由专家评价结果的相互关系决定产生的权重是一种客观权重，在实际应用中可单独使用，也可和主观权重结合使用。

由于每位专家给出的决策 d_i^k 有 3 种取值，选择用 $X_0^k=\{a_i \mid d_i^k=0\}$，$X_1^k=\{a_i \mid d_i^k=1\}$，$X_2^k=\{a_i \mid d_i^k=2\}$ 分别表示专家 $e_k(k=1,2,\cdots,T)$ 给出的拒绝评判决策对象集、延迟评判决策对象集、接受评判决策对象集。

考虑专家在决策属性下给出的评判结果，根据拒绝评判决策、延迟评判决策和接受评判决策对象集定义专家评价的相似度，分析专家之间评判结果的关系。

定义 4.7　设 $E=\{e_1,e_2,\cdots,e_T\}$ 为专家群体，根据各个专家给出的决策系统 $S^k=(U,C\cup\{d\},f^k)$，定义专家 e_{k_1} 和 e_{k_2} 评价的相似度为

$$\mathrm{sim}(e_{k_1},e_{k_2})=\frac{1}{3}\sum_{i=0}^{2}\frac{|X_i^{k_1}\cap X_i^{k_2}|}{|X_i^{k_1}\cup X_i^{k_2}|} \tag{4.1}$$

当 $|X_i^{k_1}\cup X_i^{k_2}|=\varnothing$ 时，令 $\dfrac{|X_i^{k_1}\cap X_i^{k_2}|}{|X_i^{k_1}\cup X_i^{k_2}|}=1$。

定义 4.8[296]　设 $E=\{e_1,e_2,\cdots,e_T\}$ 为专家群体，定义专家 e_k 在群体中的共识程度为

$$\mathrm{con}(e_k)=\frac{1}{T-1}\sum_{i=1,i\neq k}^{T}\mathrm{sim}(e_k,e_i)$$

定义 4.9[296]　设 $E=\{e_1,e_2,\cdots,e_T\}$ 为专家群体，若 $\mathrm{con}(e^*)=\max\limits_{1\leqslant k\leqslant T}\mathrm{con}(e_k)$，则称 e^* 为专家群体中的代表专家。

通过专家间的评价相似度定义各专家在群体中的共识程度，规定群体共识程度最高的专家为代表专家（记为 e^*），各专家在群体评价中的共识程度用其与专家 e^* 的相似度近似计算，依此定义各专家的权重向量。

定义 4.10　专家 e_k 和专家群体评价的共识程度用 $\mathrm{sim}(e_k,e^*)$ 来近似计算，专家 e_k 的权重 ω_k[290] 设定为

$$\omega_k=\frac{\mathrm{sim}(e_k,e^*)}{\sum\limits_{i=1}^{T}\mathrm{sim}(e_i,e^*)}$$

显然，$\sum\limits_{i=1}^{T}\omega_i=1$，这里的专家权重同样也是归一化的权重向量。

3. 师范生数学情感素养指标权重确定

设三位面试专家为 $e_j(j=1,2,3)$，10 名数学师范生为 $x_i(i=1,2,\cdots,10)$，

数学情感素养的3个评价指标（属性）分别为数学道德情感 a_1、数学理智情感 a_2、数学审美情感 a_3，决策属性 d 作出粗粒度的三支决策“合格”（记作“2”）、“不合格”（记作“0”）、“延迟决定”（记作“1”）的判断。专家对师范生数学情感素养的初评结果如表4.7所示。为方便计算，在计算时分别用{2,1,0}来代替师范生数学情感素养3个评价属性 a_1,a_2,a_3 的语言值{好,中,差}。

表4.7 评判专家对师范生数学情感素养的初评结果表

	a_1的评估结果			a_2的评估结果			a_3的评估结果			d 的评估结果		
	e_1	e_2	e_3	e_1	e_2	e_3	e_1	e_2	e_3	e_1	e_2	e_3
x_1	中	中	差	差	差	中	中	中	中	0	0	0
x_2	中	好	差	好	中	好	差	差	中	1	1	0
x_3	中	中	好	好	差	差	差	中	中	0	0	1
x_4	好	好	好	中	好	中	好	好	好	2	2	2
x_5	差	差	好	中	中	差	中	中	中	0	0	1
x_6	中	好	中	中	中	中	中	好	中	0	1	1
x_7	好	中	好	好	中	中	差	中	中	1	1	0
x_8	中	中	好	好	好	好	好	差	中	1	1	2
x_9	差	差	差	好	中	好	好	好	中	0	0	0
x_{10}	好	好	好	差	中	中	好	好	中	1	2	1

(1) 属性权重计算

$$[x_1]_{a_1}^{\leqslant}=\{x_1,x_2,x_3,x_4,x_6,x_7,x_8,x_{10}\}$$

$$[x_2]_{a_1}^{\leqslant}=\{x_2,x_4,x_6,x_{10}\}$$

$$[x_3]_{a_1}^{\leqslant}=\{x_3,x_4,x_7,x_8,x_{10}\}$$

$$[x_4]_{a_1}^{\leqslant}=\{x_4,x_{10}\}$$

$$[x_5]_{a_1}^{\leqslant}=\{x_3,x_4,x_5,x_7,x_8,x_{10}\}$$

$$[x_6]_{a_1}^{\leqslant}=\{x_4,x_6,x_{10}\}$$

$$[x_7]_{a_1}^{\leqslant}=\{x_4,x_7,x_{10}\}$$

$$[x_8]_{a_1}^{\leqslant}=\{x_3,x_4,x_7,x_8,x_{10}\}$$

$$[x_9]_{a_1}^{\leqslant}=\{x_1,x_2,x_3,x_4,x_5,x_6,x_7,x_8,x_9,x_{10}\}$$

$$[x_{10}]_{a_1}^{\leqslant}=\{x_4,x_{10}\}$$

$$[x_1]_{a_2}^{\leqslant} = \{x_1, x_2, x_4, x_6, x_7, x_8, x_9, x_{10}\}$$

$$[x_2]_{a_2}^{\leqslant} = \{x_2, x_8, x_9\}$$

$$[x_3]_{a_2}^{\leqslant} = \{x_3, x_7, x_8, x_9\}$$

$$[x_4]_{a_2}^{\leqslant} = \{x_4, x_8\}$$

$$[x_5]_{a_2}^{\leqslant} = \{x_2, x_4, x_5, x_6, x_7, x_8, x_9\}$$

$$[x_6]_{a_2}^{\leqslant} = \{x_2, x_4, x_6, x_7, x_8, x_9\}$$

$$[x_7]_{a_2}^{\leqslant} = \{x_2, x_7, x_8, x_9\}$$

$$[x_8]_{a_2}^{\leqslant} = \{x_8\}$$

$$[x_9]_{a_2}^{\leqslant} = \{x_2, x_8, x_9\}$$

$$[x_{10}]_{a_2}^{\leqslant} = \{x_2, x_4, x_6, x_7, x_8, x_9, x_{10}\}$$

$$[x_1]_{a_3}^{\leqslant} = \{x_1, x_4, x_5, x_6, x_9, x_{10}\}$$

$$[x_2]_{a_3}^{\leqslant} = \{x_1, x_2, x_3, x_4, x_5, x_6, x_7, x_8, x_9, x_{10}\}$$

$$[x_3]_{a_3}^{\leqslant} = \{x_1, x_3, x_4, x_5, x_6, x_7, x_9, x_{10}\}$$

$$[x_4]_{a_3}^{\leqslant} = \{x_4\}, [x_5]_{a_3}^{\leqslant} = \{x_1, x_4, x_5, x_6, x_9, x_{10}\}$$

$$[x_6]_{a_3}^{\leqslant} = \{x_4, x_6, x_9, x_{10}\}$$

$$[x_7]_{a_3}^{\leqslant} = \{x_1, x_3, x_4, x_5, x_6, x_7, x_9, x_{10}\}$$

$$[x_8]_{a_3}^{\leqslant} = \{x_4, x_8, x_9, x_{10}\}$$

$$[x_9]_{a_3}^{\leqslant} = \{x_4, x_9, x_{10}\}$$

$$[x_{10}]_{a_3}^{\leqslant} = \{x_4, x_9, x_{10}\}$$

$$[x_1]_{d}^{\leqslant} = \{x_1, x_2, x_3, x_4, x_5, x_6, x_7, x_8, x_9, x_{10}\}$$

$$[x_2]_{d}^{\leqslant} = \{x_2, x_4, x_7, x_8, x_{10}\}$$

$$[x_3]_{d}^{\leqslant} = \{x_3, x_4, x_5, x_6, x_8, x_{10}\}$$

$$[x_4]_{d}^{\leqslant} = \{x_4\}$$

$$[x_5]_{d}^{\leqslant} = \{x_3, x_4, x_5, x_6, x_8, x_{10}\}$$

$$[x_6]_{d}^{\leqslant} = \{x_4, x_6, x_8, x_{10}\}$$

$$[x_7]_{d}^{\leqslant} = \{x_2, x_4, x_7, x_8, x_{10}\}$$

$$[x_8]_{d}^{\leqslant} = \{x_4, x_8\}$$

$$[x_9]_{d}^{\leqslant} = \{x_1, x_2, x_3, x_4, x_5, x_6, x_7, x_8, x_9, x_{10}\}$$

$$[x_{10}]_{d}^{\leqslant} = \{x_4, x_{10}\}$$

$$\text{sim}(\leqslant_{a_1},\leqslant_d)=1-\frac{1}{9}\left(\frac{2}{10}+\frac{3}{10}+\frac{3}{10}+\frac{1}{10}+\frac{2}{10}+\frac{1}{10}+\frac{2}{10}+\frac{3}{10}+\frac{0}{10}+\frac{0}{10}\right)$$
$$=1-\frac{1}{9}\times\frac{17}{10}=\frac{73}{90}$$

同理计算可得

$$\text{sim}(\leqslant_{a_2},\leqslant_d)=\frac{52}{90},\quad \text{sim}(\leqslant_{a_3},\leqslant_d)=\frac{54}{90}$$

得到

$$\rho_d^{a_1}=\frac{73/90}{73/90+52/90+54/90}\approx 0.4078$$
$$\rho_d^{a_2}=\frac{52/90}{73/90+52/90+54/90}\approx 0.2095$$
$$\rho_d^{a_3}=\frac{54/90}{73/90+52/90+54/90}\approx 0.3017$$

即 $\rho_d=(0.4078,0.2905,0.3017)$。

由 ρ_d 的计算结果可得,综合3位专家的评判结果,3个评价指标(属性)的重要程度依次为数学理智情感、数学审美情感、数学道德情感。

(2) 专家权重计算

设 X_0^k 表示第 k 位专家评判结果为“不合格”的集合,X_1^k 表示第 k 位专家评判结果为“延迟决定”的集合,X_2^k 表示第 k 位专家评判结果为“合格”的集合。则有

$$X_0^1=\{x_1,x_3,x_5,x_6,x_9\}$$
$$X_1^1=\{x_2,x_7,x_8,x_{10}\}$$
$$X_2^1=\{x_4\}$$
$$X_0^2=\{x_1,x_3,x_5,x_9\}$$
$$X_1^2=\{x_2,x_6,x_7,x_8\}$$
$$X_2^2=\{x_4,x_{10}\}$$
$$X_0^3=\{x_1,x_2,x_7,x_9\}$$
$$X_1^3=\{x_3,x_5,x_6,x_{10}\}$$
$$X_2^3=\{x_4,x_8\}$$

由式(4.1)计算可得

$$\text{sim}(e_1,e_2)=\frac{1}{3}\sum_{i=0}^{2}\frac{|X_i^1\cap X_i^2|}{|X_i^1\cup X_i^2|}=\frac{1}{3}\left(\frac{4}{5}+\frac{3}{5}+\frac{1}{2}\right)\approx 0.6333$$

$$\mathrm{sim}(e_1,e_3)=\frac{1}{3}\sum_{i=0}^{2}\frac{|X_i^1\cap X_i^3|}{|X_i^1\cup X_i^3|}=\frac{1}{3}\left(\frac{2}{7}+\frac{1}{7}+\frac{1}{2}\right)\approx 0.3095$$

$$\mathrm{sim}(e_2,e_3)=\frac{1}{3}\sum_{i=0}^{2}\frac{|X_i^2\cap X_i^3|}{|X_i^2\cup X_i^3|}=\frac{1}{3}\left(\frac{2}{6}+\frac{1}{7}+\frac{1}{3}\right)\approx 0.2698$$

$$\mathrm{con}(e_1)=\frac{1}{2}(0.6333+0.3095)=0.4714$$

$$\mathrm{con}(e_2)=\frac{1}{2}(0.6333+0.2698)\approx 0.4516$$

$$\mathrm{con}(e_3)=\frac{1}{2}(0.3095+0.2698)\approx 0.2897$$

因为 $\mathrm{con}(e_1)>\mathrm{con}(e_2)$，$\mathrm{con}(e_1)>\mathrm{con}(e_3)$，故选择 e_1 为 3 位专家中的代表专家。各专家的权重计算如下：

$$\omega_1=\frac{\mathrm{sim}(e_1,e_1)}{\mathrm{sim}(e_1,e_1)+\mathrm{sim}(e_1,e_2)+\mathrm{sim}(e_1,e_3)}=\frac{1}{1+0.6333+0.3095}\approx 0.5147$$

同理，计算得到

$$\omega_2=\frac{\mathrm{sim}(e_2,e_1)}{\mathrm{sim}(e_1,e_1)+\mathrm{sim}(e_1,e_2)+\mathrm{sim}(e_1,e_3)}\approx 0.3260$$

$$\omega_3=\frac{\mathrm{sim}(e_3,e_1)}{\mathrm{sim}(e_1,e_1)+\mathrm{sim}(e_1,e_2)+\mathrm{sim}(e_1,e_3)}\approx 0.1593$$

(3) 集结群决策的结果

为方便计算，采用{0,1,2}的数值标度，分别代表评价结果{差，中，好}的语言值，首先对属性权重进行集结，得到表 4.8。

表 4.8　各专家综合评价结果

	$f^1(x_i)$	$f^2(x_i)$	$f^3(x_i)$
x_1	0.7095	0.7095	0.5922
x_2	0.9888	1.1061	0.8827
x_3	0.9888	0.7095	1.1173
x_4	1.7095	2.0000	1.7095
x_5	0.5922	0.5922	1.1173
x_6	1.0000	1.7095	1.0000
x_7	1.3966	1.0000	1.4078

续表

	$f^1(x_i)$	$f^2(x_i)$	$f^3(x_i)$
x_8	1.5922	0.9888	1.6983
x_9	1.1844	0.8939	0.8827
x_{10}	1.4190	1.7095	1.4078

结合各专家的权重进一步集结,得到

$$f(x_1) = 0.6908$$
$$f(x_2) = 1.0101$$
$$f(x_3) = 0.9182$$
$$f(x_4) = 1.8042$$
$$f(x_5) = 0.6758$$
$$f(x_6) = 1.2313$$
$$f(x_7) = 1.2691$$
$$f(x_8) = 1.4124$$
$$f(x_9) = 1.0416$$
$$f(x_{10}) = 1.3729$$

于是,由最后计算结果得到 10 名师范生的数学情感素养排名为

$$x_4 > x_8 > x_{10} > x_7 > x_6 > x_9 > x_2 > x_3 > x_1 > x_5 \tag{4.2}$$

基于优势关系的多属性群决策方法的创新点是提出了有序的不同属性取值(如数值型、语言值、区间值或集值型等)的优势粒结构,在此基础上,研究了优势粒结构的相似度及其相关性质,并将其应用于多属性群决策问题,利用属性间的优势关系对决策的对象进行有效排序和择优。

变异系数法对数据的精确性、完备性等有较高要求。采用这种方法时,要求专家对每个师范生的数学情感素养指标体系中的每个指标都给出具体评价,而且数据不能有缺失,否则就会影响计算结果,甚至无法确定指标权重。然而,实际生活中对师范生数学情感素养评价往往按照三支决策的方式给出粗集评价,此时变异系数方法就显得无能为力。基于优势关系的多属性群决策方法,笔者不仅考虑了专家对待选对象作出的初步分级的粗粒度评价信息,主要是利用优势关系法描述了初步分级决策的信息结构,定义了专家初步分级评价的相似度,并客观地确定了专家评价的权重;也对优势粒结构相似度进行定义并研

究其相关性质，这种基于优势粒结构相似度的计算方法能够直观性地解释属性的客观权重。从模型建立、各属性权重计算过程来看，这种决策方法是一种多粒度决策方法。对带有三支决策的专家评价方案实例进行数据处理，分别得到师范生数学情感素养各个评价指标（属性）和评判专家的权重分配，再对其进行集结，得到最终评价结果，这也说明了该方法在师范生数学情感素养评判时的可行性与有效性。

◆ 本章小结

本章主要设计了师范生数学情感素养指标体系。首先，明确师范生数学情感素养指标体系设计原则，即理论与实践相结合、主观与客观相结合、科学性和可行性相结合。其次，介绍了师范生数学情感素养指标体系的设计方法，主要包括文献资料法、德尔菲法、开放式问卷调查法、结构式访谈法。然后，详细论述了师范生数学情感素养指标体系的设计过程，包括设计初始的师范生数学情感素养指标体系，通过两轮专家咨询问卷对指标体系进行修改与完善，最终形成了包括 3 个一级指标、11 个二级指标的师范生数学情感素养指标体系。最后，采用基于优势关系的多属性群决策方法，根据专家的评价结果计算出每个指标的权重，并对师范生数学情感素养情况进行排序。

第 5 章　师范生数学情感素养问卷编制与现状调查

法国数学家庞加莱说:“如果我们想要预见数学的将来,适应的途径是研究这门科学的历史与现状。”同样,如果我们想要预见高师院校数学师范专业学生数学情感素养的未来,首先要了解他们的数学情感素养现状。研究数学情感素养的目的是使这一抽象而模糊的概念变得具体化和可操作化,最终落地生根于教学实践中,从而实现从丰富与完善数学情感素养理论研究到推进并落实其实证研究的过程。

欧美国家在数学素养研究方面已有了相对丰硕的成果,在数学素养测量、教学方式、教师教育以及学生评价等方面都付诸了实践。[65]国外学者已对数学素养的影响因素、评价等核心内容进行了研究,而我国对这方面的研究尚未充分开展,或者说研究数量有限、不够系统。[61]因此,国内相关研究需要重点考虑如何测评并推进实证研究。作为数学素养重要组成部分的数学情感素养,是个体对数学的感受、内心体验,具备固有内隐性,如何增强其外显性和测评可操作性显得尤为重要。如何将数学情感素养的理论研究推进到实证研究,将是我们进一步深入研究的方向。[91]编制问卷是师范生数学情感素养研究的重要工具,对其现状进行调查则是需要解决的首要问题。

2016 年 5 月,习近平总书记在北京召开的哲学社会科学工作座谈会上,大力倡导“用数据资料说话”的实证研究方法。2017 年 1 月 14 日,为更好地提高中国教育研究水平、服务国家教育改革发展,清华大学、北京师范大学、华东师范大学、北京大学等 14 所大学的教育科学学院(部)长,《全球教育展望》和《复旦教育论坛》等 32 家教育研究杂志主编,《光明日报》教育研究中心负责人,全国教育科学规划办公室负责人,齐聚华东师范大学的全国教育实证研究联席会,普遍认为促进研究范式转型、加强教育实证研究是提升中国教育研究质量与影响力的途径。实证研究基于事实和证据,俨然已成为当今国际教育研究的主流话语与主要方法。[298]它不仅为研究者提供有价值的借鉴，还为教育咨询和决策提供可信的依据，在备受管理者、决策者和研究者青睐的同时，也凸显了新时代教育实证研究的重要价值。例如，袁正国提出实证研究是精神、规则与方法的有效结合，是教育学走向科学的必经之路。刘选等秉承实证研究内涵，结合以往对实证研究的认识，提出实证研究应该满足 4 个特征，即经得起考验的诠释、合理的数据分析过程、实证的研究方法、有价值的研究问题。

成伯清指出，我们需要一种能将看似个体层面的情感体验与一般性社会趋势贯通起来分析的视角，也就是从情感得以形成和表达的一般社会条件出发，去洞悉情感问题生成的社会机制[299]；卢家楣教授基于现有研究缺乏关于我国中职生情感素质整体状况的实证研究，运用自编的青少年情感素质调查问卷，在全国范围内对中职生的情感素质现状进行大规模的调查，以期获取第一手资料，从而为了解和培养我国中职生的情感素质提供依据[228]；王俊山编制了中国大学生人际情感问卷，并在全国范围内对 11982 名大学生首次进行大规模人际情感调查，结果表明该问卷具有良好的信效度，成为用来研究大学生人际情感的有效工具[155]；王俊山还编制了中小学班主任情感素质问卷，经检验，该问卷具有良好的信效度指标，达到心理测量学的要求[220]；许自强用自编的初中生数学学习主观幸福感问卷测量了苏州市 A 校初中生的数学学习主观幸福感情况，研究结果表明问卷的信效度良好[300]；等等。从上述文献资料看出，问卷是情感研究中用来收集资料的重要工具。问卷编制是研究过程的一个重要环节，其合理性和科学性决定了研究效果。因此，梳理文献中情感问卷编制的优缺点，从中借鉴"别人已经做了什么，发现了什么样问题"。

鉴于此，笔者尝试构建一份适用于高师数学师范生数学情感素养的测量问卷，以期做到"用数据资料说话"，调查师范生数学情感素养现状。在构建指标体系及编制测试问卷过程中，始终坚持理论与实践、主观与客观、科学性与可行性相结合原则；在具体实施过程中，既注重文献梳理、逻辑推演及理论思考，又注重对高师院校数学师范生、辅导员、任课教师、专家意见的实践归纳。对师范生数学情感素养的问卷编制与现状调查正是对"用数据资料说话"实证研究方法的践行。

5.1 师范生数学情感素养问卷编制

5.1.1 明确编制原则

坚持理论与实践、主观与客观、科学性与可行性相结合的原则,并遵循问卷内容具有代表性、问卷语言使用和表达方式准确、问卷设计科学化的问卷编制原则,进行问卷编制。

5.1.2 确定问卷结构

师范生数学情感素养问卷的结构对于进一步理解和把握师范生数学情感素养概念的内涵和开展师范生数学情感素养的测评调查至关重要,但师范生数学情感素养问卷结构的探寻是难点,建构师范生数学情感素养问卷结构要在借鉴以往相关研究的基础上加以分析与推演。[233]

卢家楣把情感素质的外延划分为情感操作和情感本体两个层次,其中,情感操作层次即情感能力,情感本体层次包括人际情感、道德情感、审美情感、生活情感、理智情感五大类。[8]这种划分方法在国内学术界产生了深远影响,从而成为情感教育研究的一个理论基础。周家骥等人在布卢姆情感目标分类思想基础上,把情感分为理智感、道德感和美感[265];范先友划分数学学习情感为美感、理智感、道德感[266];孔凡哲划分数学情感为数学道德感、数学实践感、数学理智感、数学美感[27]。在第4章,参照上述划分方法,结合人类高级情感(美感、理智感和道德感)的理论基础,把师范生数学情感素养划分为"数学审美情感、数学理智情感、数学道德情感"3个维度。首先,通过文献梳理划分师范生数学情感素养的3个维度;其次,收集相关下属词条;再次,采用结构访谈法和开放式问卷调查法对词条进行补充和完善;最后,通过德尔菲法(即专家问卷法)确定了师范生数学情感素养的指标体系,即其外延划分。

在此研究基础上,确定了师范生数学情感素养问卷结构,如表5.1所示[233]:

表5.1　师范生数学情感素养问卷结构

一级指标	二级指标	具体内容
数学道德感	数学奉献感	为数学学习默默付出、心甘情愿、不图回报的情感
	数学合作感	愿意与他人共同完成数学任务的情感
	数学责任感	对数学学习勇于承担并努力完成的情感
	数学原则感	对数学学习勇于坚守原则、遵循公平公正的情感
数学理智情感	数学乐学感	在数学学习中获得成功的情感
	数学探奇感	高师院校数学专业学生易于对数学新概念、新原理、新方法和新技能等产生兴趣，并乐于对其进行研究的情感
	数学成就感	在数学学习中追求成功的情感
	数学自强感	在数学学习中克服困难、积极进取、求得自我数学发展的情感
	数学自信感	对自己学习数学能力确信的情感
	数学执着感	对数学学习坚持不懈、永不放弃的情感
	数学严谨感	在数学学习中严肃谨慎、追求完美的情感
	数学逻辑感	在数学认知活动中对数学公理化下的谬论与悖论进行研究、推理分析而产生的情感
数学审美情感	数学统一美感	根据美学概念，感知数学理论的统一，数学规律、概念和方法的统一，数学同其他科学的统一而形成的情感
	数学对称美感	根据美学概念，感知数学形态或结构的均衡性与匀称性、数学形态或结构变化的周期性与节律性等对称而产生的情感
	数学简单美感	根据美学概念，感知数学的逻辑结构、方法、表达形式的简单性而产生的情感
	数学奇异美感	根据美学概念，感知数学的突变性、反常性、无限性和神秘性而形成的情感

5.1.3　编制问卷题项

在编制师范生数学情感素养问卷过程中，坚持理论与实践相结合的原则，体现在编制过程中就是注重文献梳理、理论探索、逻辑推理、实践归纳、高师院校数学专业学生及其教师的意见和现实的检验，使问卷编制不仅符合测量学的程序，又与师范生数学现实状况相吻合。

确定问卷题项是编制师范生数学情感素养问卷的难点，也是重点。为了使问卷题项合理有效，采用如下方法进行问卷题项编制。

首先,对师范生数学情感素养样例进行征集。为了收集师范生数学情感素养样例,通过向31位教师和27学生进行问卷调查。笔者在全院教师大会结束时将被测教师集中在会议室,向其展示前期相关研究成果,介绍自己目前的研究工作,解释各词条释义,将问卷发放到群共享。样例征集的教师有效问卷为28份(男性10人,女性18人),教龄为8～32年,平均教龄为15年,涉及数学教育、基础数学、应用数学等研究方向。样例征集的学生有效问卷为25份(男生10人,女生15人);大四学生12人,大三学生7人,大二学生4人,大一学生2人;年龄为16～25岁。本次情感样例征集共收集有效问卷53份,获得情感样例167条,其中老师提供98条,学生提供69条。这些情感样例为编制问卷题目提供坚实基础。

其次,确立问卷初测条目。通过对师范生情感素养样例征集资料的收集和整理,共得到173条师范生数学情感素养评价条目。这些评价条目中,有些条目内容大同小异,甚至完全相同。为进一步规范调查问卷结构、完善问卷内容,笔者邀请了数学教育(3名)、教育学(1名)、统计学(1名)、哲学(1名)专业的博士生讨论与修改收集的问卷条目,主要工作如下:首先,对各个问卷条目进行仔细推敲,衡量它们是否满足师范生数学情感素养的相应内容;其次,探究问卷条目的内涵是否存在交集,对内容相同、相似或相近的条目进行适当合并或删减;最后,修改或完善问卷条目,对难以理解、表述模糊不清或不当的条目进行修改。为了验证所编写问卷条目的全面性与有效性,邀请3名数学教育心理学专家和2名教育心理测量学专家对师范生数学情感素养问卷进行内容效度(逻辑效度、语言表述恰当性)评定,主要通过电子邮件发放与回收调查问卷。根据专家的评定意见与建议,再次对师范生数学情感素养问卷条目进行了增加、删减及修改。

5.1.4 问卷预测与分析

1. 问卷初测

对预试问卷在小范围内进行初测,目的是检验问卷条目的合理性。被试为福建省某地方师范院校数学与应用数学(师范)专业的大一学生,测试方式为现场发放问卷,且当场回收问卷。经过收集整理,共回收问卷45份,其中有效问卷44份,有效率为97.8%。

2. 探索性与验证性因素分析

为了进一步验证问卷结构的合理性，有必要对问卷进行探索性和验证性因素分析。被试为福建省某师范院校数学与应用数学（师范）专业的大一学生，测试方式为现场发放问卷，且当场回收问卷。经统计，共回收问卷75份，有效问卷73份，有效率为97.3%。依据项目分析，删减不符合要求条目，最终形成由29个条目构成的师范生数学情感素养正式问卷，具体如表5.2所示。

表5.2　师范生数学情感素养各维度操作性定义及条目[233]

内　容	操作性定义	问　卷　条　目
数学原则感	在数学学习中形成的做事坚持原则的情感	数学学习中养成了我做事坚持原则的习惯
数学责任感	在数学学习中形成的对自己份内的事勇于承担、努力完成的情感	数学学习中的细枝末节处理，增强了自我责任感
		数学学习中的合作活动，培养了我的集体责任感
		数学学习中问题情境的创设，塑造了我的社会责任感
数学合作感	在数学学习中形成的愿意与他人共同合作的情感	数学学习攻坚克难中，与他人合作、共同探讨，培养了我合作解决问题的习惯
数学探奇感	在数学学习中形成的对新事物充满好奇，并乐于对其进行探究的情感	数学学习使我乐于接受新事物
		数学学习激发了我对新事物的求知欲
数学自强感	在数学学习中形成的克服困难、积极进取、求得自我发展的情感	数学学习使我学会克服困难
		数学学习培养了我的积极向上、锐意进取
		数学学习促使我努力求得自我发展
数学执着感	在数学学习中形成的坚持不懈的情感	数学学习培养了我的坚持不懈
数学严谨感	在数学学习中形成的严肃谨慎、细致周全、追求完美的情感	数学学习培养了我的严肃谨慎
		数学学习培养了我的细致周全
		数学学习培养了我的追求完美

续表

内　容	操作性定义	问 卷 条 目
数学逻辑感	在数学学习中形成的分析、抽象、归纳、演绎等逻辑情感	数学学习使我学会了分析问题
		数学学习使我学会了抽象概括
		数学学习使我学会了归纳总结
		数学学习使我学会了演绎推理
数学统一美感	在数学学习中形成的感知简洁、统一美的情感	黄金比例、均值不等式等数学学习使我学会欣赏简洁美
		数学理论、公式、法则等数学学习使我学会欣赏统一美
数学对称美感	在数学学习中形成的感知均衡、匀称、周期性美的情感	圆和球等数学学习使我学会欣赏均衡美
		对数螺线等数学学习使我学会欣赏匀称美
		三角函数等数学学习使我学会欣赏周期美
数学奇异美感	在数学学习中形成的感知突变、反常、无限、奇巧、神秘美的情感	连续曲线的中断等数学学习使我学会欣赏突变美
		处处连续又处处不可导函数等数学学习使我学会欣赏反常美
		集合论等数学学习使我学会欣赏无限美
		欧拉恒等式等数学学习使我学会欣赏奇巧美
		虚数等数学学习使我学会欣赏神秘美

3. 信效度分析

为了对师范生数学情感素养问卷数据的可靠性和准确性进行定量研究，本书采用信效度分析方法(表 5.3)。首先，分析 α 系数，当 α 系数取值小于 0.6，表明信度不佳；当 α 系数取值为[0.6，0.7)时，表明该信度可接受；当 α 系数取值在[0.7，0.8]时，表明信度较好；当 α 系数取值大于 0.8 时，表明信度高。其次，判断各问卷条目的 CITC 值，删除 CITC 值小于 0.3 的问卷条目。再次，当某问卷条目的 α 系数取值明显小于“项已删除的 α 系数”取值时，将该条目删除后再重新分析。最后，对分析结果进行总结。

表 5.3　师范生数学情感素养问卷的 Cronbach 信度分析表

项目	内　容	问卷条目	校正项总计相关性(CITC)	项已删除的 α 系数	Cronbach α 系数	
数学道德情感	数学原则感	1	0.646	0.982	0.909	0.982
	数学责任感	2	0.745	0.982		
		3	0.757	0.982		
		4	0.762	0.982		
	数学合作感	5	0.753	0.982		
数学理智情感	数学探奇感	6	0.778	0.982	0.971	
		7	0.790	0.982		
	数学自强感	8	0.813	0.981		
		9	0.815	0.981		
		10	0.853	0.981		
	数学执着感	11	0.822	0.981		
	数学严谨感	12	0.823	0.981		
		13	0.843	0.981		
		14	0.818	0.981		
	数学逻辑感	15	0.812	0.982		
		16	0.803	0.982		
		17	0.779	0.982		
		18	0.813	0.981		
数学审美情感	数学统一美感	19	0.834	0.981	0.979	
		20	0.841	0.981		
	数学对称美感	21	0.850	0.981		
		22	0.840	0.981		
		23	0.854	0.981		
	数学奇异美感	24	0.860	0.981		
		25	0.837	0.981		
		26	0.850	0.981		
		27	0.833	0.981		
		28	0.808	0.982		

从表5.3可知，数学道德情感、数学理智情感、数学审美情感的信度系数分别为0.909、0.971、0.979，表示量表的信度很好，具有较高的内在一致性。第一，师范生数学情感素养的 α 系数值为0.982，表明该调查问卷研究数据的信度质量高。第二，各问卷条目的"项已删除的 α 系数"取值均大于等于0.981，在将各条目分别删除后发现 α 系数没有显著提升，这说明各问卷条目都应保留，从而也说明了该调查问卷研究数据信度水平高。第三，各问卷条目对应的CITC值都高于0.6，表明各条目之间具有良好相关性，该调查问卷的信度水平良好。综上，师范生数学情感素养调查问卷条目研究数据的 α 系数值高于0.9，分别删除某个问卷条目后，α 系数值没有显著提高，由此表明该调查数据信度质量较高，可作进一步分析研究。

在效度方面，KMO的取值通常在(0,1)之间，主要用来检查各变量的偏相关性，当KMO值趋于1时，表明各变量之间具有很强的相关性，从另一方面也说明原有变量很适合做因子分析。度量标准如下：0.9以上表示非常适合，0.8～0.9表示适合做因子分析。

由表5.4可以看出，首先，问卷内容对应的共同度取值都大于0.4，这表明可以有效提取所有问卷内容信息。其次，表5.5显示，数学道德情感、数学理智情感、数学审美情感、数学情感素养问卷的KMO的值分别为0.881、0.956、0.961，并且通过了显著性水平为0.05的球形度检验，表明该份问卷非常适合做因子分析；数学情感素养0.954的KMO取值，表明研究数据具有效度。再次，由表5.6可以看到，因子1的方差解释率值和累积方差解释率均为67.925%(大于50%)，这表明可以有效提取各问卷内容所研究的信息量。最后，各因子载荷系数都大于0.4，并且删除某个问卷条目后 α 系数值没有显著提高，这都说明师范生数学情感素养调查问卷的数据效度质量高，可作进一步分析研究。

表5.4 师范生数学情感素养问卷的效度分析表

项目	内　　容	问卷条目	因子载荷系数			共同度
			因子1	因子2	因子3	
数学道德情感	数学原则感	1	0.280	0.670	0.190	0.563
	数学责任感	2	0.282	0.708	0.328	0.688
		3	0.326	0.769	0.229	0.750
		4	0.402	0.763	0.151	0.767
	数学合作感	5	0.305	0.712	0.312	0.697

续表

项目	内容	问卷条目	因子载荷系数			共同度
			因子 1	因子 2	因子 3	
数学理智情感	数学探奇感	6	0.387	0.618	0.369	0.668
		7	0.349	0.617	0.439	0.694
	数学自强感	8	0.329	0.647	0.470	0.748
		9	0.301	0.667	0.488	0.773
		10	0.379	0.653	0.477	0.797
	数学执着感	11	0.324	0.637	0.505	0.766
	数学严谨感	12	0.344	0.511	0.628	0.774
		13	0.392	0.491	0.628	0.789
		14	0.365	0.529	0.571	0.739
	数学逻辑感	15	0.301	0.414	0.769	0.854
		16	0.410	0.292	0.761	0.833
		17	0.354	0.309	0.763	0.803
		18	0.446	0.294	0.731	0.820
数学审美情感	数学统一美感	19	0.703	0.320	0.429	0.781
		20	0.767	0.321	0.364	0.824
	数学对称美感	21	0.786	0.359	0.311	0.844
		22	0.815	0.326	0.297	0.858
		23	0.796	0.352	0.316	0.858
	数学奇异美感	24	0.821	0.341	0.307	0.885
		25	0.819	0.341	0.269	0.859
		26	0.821	0.327	0.306	0.875
		27	0.832	0.334	0.255	0.869
		28	0.802	0.308	0.276	0.814

表 5.5 师范生数学情感素养问卷 KMO 和 Bartlett 检验(1)

比较对象	内容	数学道德情感	数学理智情感	数学审美情感	数学情感
KMO 检验	度量	0.881	0.956	0.961	0.975
Bartlett 检验	近似卡方	2059.875	9448.187	9088.582	22433.365
	df	10.000	78.000	45.000	378.000
	Sig.	0.000	0.000	0.000	0.000

表 5.6 师范生数学情感素养问卷 KMO 和 Bartlett 检验(2)

内　　容	因子载荷系数		
	因子 1	因子 2	因子 3
特征根值(旋转前)	19.019	1.920	1.051
方差解释率(旋转前)	67.925%	6.855%	3.753%
累积方差解释率(旋转前)	67.925%	74.780%	78.533%
特征根值(旋转后)	8.579	7.419	5.991
方差解释率(旋转后)	30.641%	26.496%	21.396%
累积方差解释率(旋转后)	30.641%	57.137%	78.533%

5.2 师范生数学情感素养现状调查

5.2.1 调查取样

正式施测师范生数学情感素养问卷，以期为考察师范生数学情感素养的现状特点提供数据资料。正式调查的被试为福建省 7 所高校(三明师范学院、宁德师范学院、莆田师范学院、龙岩师范学院、泉州师范学院、闽南师范大学、福建师范大学)的数学师范专业大一学生。福建漳州、泉州和龙岩的调查由笔者亲自进行，福州、莆田、宁德、三明的调查委托他人进行，调查开始前均对调查员进行培训和指导，要求所有调查都采用现场发放和回收问卷的方法。经过收集整理，本轮调查共回收问卷625份，其中有效问卷620份，无效问卷5份，有效率达99.2%。

5.2.2 调查结果

整理师范生数学情感素养问卷数据，得出问卷中28个条目得分的最小值、最大值、平均值、标准差和中位数，如表5.7所示，调查问卷中28个条目的平均值对比如图5.1所示。

表5.7 师范生数学情感素养各问卷条目的总体状况(基础指标)

类别	内容	条目	最小值	最大值	平均值	标准差	中位数
数学道德情感	数学原则感	1	1	6	4.168	1.203	4
	数学责任感	2	1	6	4.471	1.121	5
		3	1	6	4.397	1.180	5
		4	1	6	4.313	1.170	4
	数学合作感	5	1	6	4.600	1.104	5
数学理智情感	数学探奇感	6	1	6	4.584	1.111	5
		7	1	6	4.598	1.123	5
	数学自强感	8	1	6	4.682	1.067	5
		9	1	6	4.616	1.095	5
		10	1	6	4.634	1.069	5
	数学执着感	11	1	6	4.644	1.098	5
	数学严谨感	12	1	6	4.748	1.027	5
		13	1	6	4.697	1.038	5
		14	1	6	4.590	1.089	5
	数学逻辑感	15	1	6	4.840	0.989	5
		16	1	6	4.661	1.064	5
		17	1	6	4.768	1.008	5
		18	1	6	4.740	1.013	5

续表

类别	内　容	条目	最小值	最大值	平均值	标准差	中位数
数学审美情感	数学统一美感	19	1	6	4.545	1.161	5
		20	1	6	4.515	1.140	5
	数学对称美感	21	1	6	4.594	1.075	5
		22	1	6	4.506	1.138	5
		23	1	6	4.532	1.140	5
	数学奇异美感	24	1	6	4.450	1.135	5
		25	1	6	4.418	1.164	5
		26	1	6	4.455	1.159	5
		27	1	6	4.419	1.163	5
		28	1	6	4.432	1.169	5

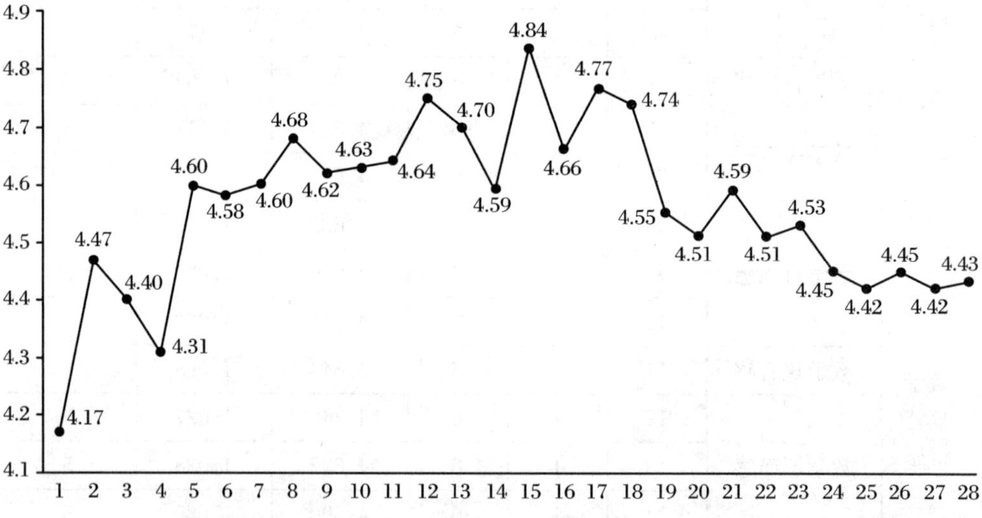

图 5.1　28 个条目的平均值对比图(取小数点后 2 位)

从表 5.7 和图 5.1 看出,师范生在数学情感素养 28 个条目的平均值得分有差异,其中体现数学严谨感的条目 12 的平均值得分为 4.748,体现数学逻辑感的条目 15、17、18 的平均值得分分别为 4.840、4.768、4.740,相对较高;体现数学原则感的条目 1 的平均值得分为 4.168,体现数学责任感的条目 2～4 的平均值得分分别为 4.471、4.397、4.313,相对较低。本问卷测量的是师范生数学情感素养这种心理品质,测试结果各条目的标准差值取值范围为 0.989～1.203,表明问卷编制的题目是同质的。

为进一步了解师范生数学情感素养的总体情况，整理研究数据并进行归纳，得到师范生数学情感素养的总体状况数据，具体如图 5.2 和表 5.8 所示。

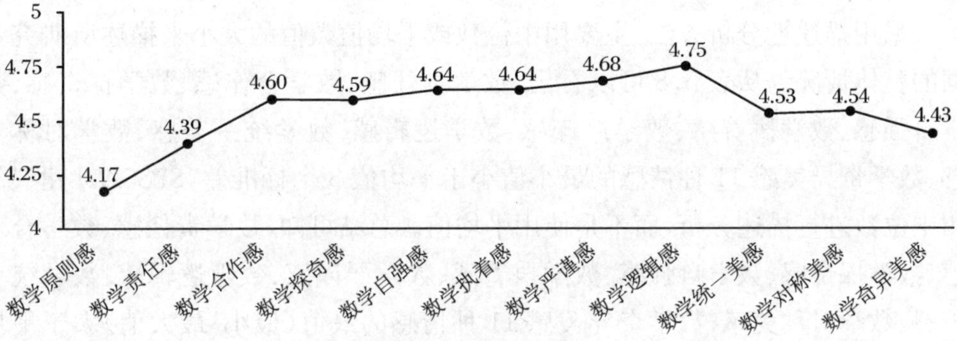

图 5.2　11 种数学情感的平均值对比图(取小数点后 2 位)

表 5.8　师范生数学情感素养的总体状况(基础指标)

类别	内　容	最小值	最大值	平均值	标准差	中位数
数学道德情感	数学原则感	1	6	4.168	1.203	4.000
	数学责任感	1	6	4.394	1.049	4.667
	数学合作感	1	6	4.600	1.104	5.000
数学理智情感	数学探奇感	1	6	4.591	1.055	5.000
	数学自强感	1	6	4.644	1.015	5.000
	数学执着感	1	6	4.644	1.098	5.000
	数学严谨感	1	6	4.678	0.985	5.000
	数学逻辑感	1	6	4.752	0.946	5.000
数学审美情感	数学统一美感	1	6	4.530	1.105	5.000
	数学对称美感	1	6	4.544	1.067	4.667
	数学奇异美感	1	6	4.435	1.094	4.600

从表 5.8 和图 5.2 看出，师范生的 11 种数学情感的平均值中，数学逻辑感最高，平均值为 4.752；数学严谨感相对较高，平均值为 4.678；数学原则感和数学责任感相对较低，平均值分别为 4.168 和 4.394。这也进一步验证了表 5.7 所呈现的调查结果。师范生数学情感素养问卷测试结果，即 11 种数学情感的标准差值取值范围为 0.946～1.203，再一次验证了问卷所编制的题目是同质的。

从上述分析可以看出，数学责任感、数学合作感、数学探奇感、数学自强感、数学执着感、数学严谨感、数学逻辑感、数学统一美感、数学对称美感和数学奇异美感11种情感、28个条目的最小值小于平均值的3个标准差，故使用中位数进行数据分析(表5.9)。

采用描述性分析方法，主要用中位数或平均值数值的大小来描述所研究数据的整体情况。从表5.8可以看出，数学责任感、数学合作感、数学探奇感、数学自强感、数学执着感、数学严谨感、数学逻辑感、数学统一美感、数学对称美感、数学奇异美感11种情感的最小值小于平均值3个标准差，SPSSAU建议使用中位数进行描述分析，而不是使用平均值。总结可知，数学责任感、数学合作感、数学探奇感、数学自强感、数学执着感、数学严谨感、数学逻辑感、数学统一美感、数学对称美感、数学奇异美感11种情感的最值(最小/最大值)大于平均值的3个标准差，表明研究数据比较不平稳，有较大波动。在这种情况下，中位数比平均值更适合用来描述研究数据的整体水平。

从表5.10中看出，师范生的数学道德情感，特别是数学原则感(中位数为4.000)和数学责任感(中位数为4.667)，数学审美情感中的数学对称美感(中位数为4.667)和数学奇异美感(中位数为4.600)相对较弱，数学理智情感(中位数为5.000)相对较强。

本章小结

通过编制问卷及现状调查，汇总结果如下：师范生的11种数学情感平均值中(表5.10)，数学逻辑感(4.753)得分最高，数学严谨感(4.679)相对较高，数学原则感(4.168)和数学责任感(4.394)相对较低；从中位数来看，数学道德情感中的数学原则感(4.000)和数学责任感(4.667)、数学审美情感中的数学对称美感(4.667)和数学奇异美感(4.600)相对较弱，数学理智情感(5.000)相对较强。由此得出以下结论：

(1) 编制师范生数学情感素养问卷时，明确编制原则，确定问卷结构，经样例征集、条目初测等编制问卷题项，后又进行问卷初测、探索性与验证性因素分析、信效度分析，最终形成由11个因素28个条目构成的正式调查问卷。通过对验证性因素结果进行分析，得出师范生数学情感素养问卷具有良好的信效度，满足测量学要求，可以作为数学师范生数学情感素养的测量工具。

表 5.9　师范生数学情感素养各问卷条目的总体状况(深入指标)

类别	内　容	问卷条目	方　差	25分位数	中位数	75分位数	标准误差	下　限	上　限	IQR	峰　度	偏　度	变异系数
数学道德情感	数学原则感	1	1.448	4	4	5	0.048	4.073	4.262	1	0.064	−0.655	28.876%
	数学责任感	2	1.258	4	5	5	0.045	4.383	4.559	1	1.075	−1.003	25.083%
		3	1.393	4	5	5	0.047	4.304	4.490	1	0.609	−0.861	26.846%
		4	1.369	4	4	5	0.047	4.221	4.405	1	0.301	−0.676	27.127%
	数学合作感	5	1.219	4	5	5	0.044	4.513	4.687	1	1.051	−0.980	24.006%
数学理智情感	数学探奇感	6	1.235	4	5	5	0.045	4.496	4.671	1	0.986	−0.903	24.247%
		7	1.262	4	5	5	0.045	4.510	4.687	1	0.887	−0.912	24.427%
	数学自强感	8	1.138	4	5	5	0.043	4.598	4.766	1	1.375	−1.014	22.783%
		9	1.200	4	5	5	0.044	4.530	4.702	1	1.113	−0.927	23.728%
		10	1.144	4	5	5	0.043	4.550	4.718	1	1.182	−0.892	23.078%
	数学执着感	11	1.206	4	5	5	0.044	4.557	4.730	1	1.067	−0.912	23.645%
	数学严谨感	12	1.055	4	5	5	0.041	4.668	7.829	1	1.568	−1.008	21.626%
		13	1.078	4	5	5	0.042	4.615	4.778	1	1.418	−0.950	22.101%
		14	1.186	4	5	5	0.044	4.505	4.676	1	1.101	−0.903	23.722%

续表

类别	内容	问卷条目	方差	25分位数	中位数	75分位数	标准误差	下限	上限	IQR	峰度	偏度	变异系数
数学理智情感	数学逻辑感	15	0.978	4	5	6	0.040	4.762	4.918	1	2.125	−1.134	20.428%
		16	1.132	4	5	5	0.043	4.578	4.745	1	1.048	−0.874	22.828%
		17	1.015	4	5	5	0.040	4.688	4.847	1	1.828	−1.043	21.136%
		18	1.026	4	5	5	0.041	4.661	4.820	1	1.670	−0.969	21.370%
数学审美情感	数学统一美感	19	1.347	4	5	5	0.047	4.454	4.637	1	0.611	−0.825	25.534%
		20	1.300	4	5	5	0.046	4.425	4.604	1	0.551	−0.761	25.258%
	数学对称美感	21	1.156	4	5	5	0.043	4.509	4.678	1	0.934	−0.819	23.406%
		22	1.294	4	5	5	0.046	4.417	4.596	1	0.742	−0.786	25.242%
		23	1.299	4	5	5	0.046	4.443	4.622	1	0.892	−0.890	25.151%
	数学奇异美感	24	1.288	4	5	5	0.046	4.361	4.539	1	0.542	−0.721	25.506%
		25	1.355	4	5	5	0.047	4.326	4.509	1	0.541	−0.756	26.350%
		26	1.344	4	5	5	0.047	4.364	4.546	1	0.673	−0.798	26.020%
		27	1.352	4	5	5	0.047	4.328	4.511	1	0.599	−0.766	26.312%
		28	1.367	4	5	5	0.047	4.340	4.524	1	0.673	−0.800	26.379%

表 5.10　师范生数学情感素养的总体状况(深入指标)

类别	内　容	方　差	25 分位数	中位数	75 分位数	标准误差	下　限	上　限	IQR	峰　度	偏　度	变异系数
数学道德情感	数学原则感	1.448	4	4.000	5.000	0.048	4.073	4.262	1.000	0.064	−0.655	28.876%
	数学责任感	1.100	4	4.667	5.000	0.042	4.311	4.476	1.000	0.786	−0.769	23.875%
	数学合作感	1.219	4	5.000	5.000	0.044	4.513	4.687	1.000	1.051	−0.980	24.006%
数学理智情感	数学探奇感	1.112	4	5.000	5.000	0.042	4.508	4.674	1.000	1.071	−0.911	22.973%
	数学自强感	1.029	4	5.000	5.000	0.041	4.564	4.724	1.000	1.637	−1.018	21.848%
	数学执着感	1.206	4	5.000	5.000	0.044	4.557	4.730	1.000	1.067	−0.912	23.645%
	数学严谨感	0.971	4	5.000	5.333	0.040	4.601	4.756	1.333	1.740	−0.993	21.058%
	数学逻辑感	0.895	4	5.000	5.250	0.038	4.678	4.827	1.250	2.181	−1.046	19.904%
数学审美情感	数学统一美感	1.222	4	5.000	5.000	0.044	4.443	4.617	1.000	0.671	−0.755	24.400%
	数学对称美感	1.138	4	4.667	5.000	0.043	4.460	4.628	1.000	1.028	−0.828	23.473%
	数学奇异美感	1.197	4	4.600	5.000	0.044	4.349	4.521	1.000	0.788	−0.755	24.667%

(2) 通过对福建省 7 所高校数学师范专业大一学生进行问卷调查,结果发现,以满分进行评价的话,师范生数学情感素养整体得分不是很理想,其中数学严谨感、数学逻辑感的得分相对较高,数学原则感、数学责任感、数学对称美感、数学奇异美感的得分相对较低。

(3) 针对师范生数学情感素养总体得分不高的现状,有必要通过大学四年师范教育,对具有可塑性的数学情感素养进行有效培育,这也是践行数学基础学科立德树人根本任务的时代需求。

第6章　师范生数学情感素养群体培养实验研究

在调查师范生数学情感素养现状之后，亟需解决如何有效提升师范生数学情感素养这一问题。通过梳理文献发现，现有关于提升数学情感素养的研究，大多从理论上提出宏观对策与建议，诸如，从培养目标、培养内容等方面提出教师数学情感能力培养的建议性方案；当前应从数学教育本身寻找数学情感问题的原因，并注意分析与之相对应的深层次社会文化背景因素；有必要对教师教育专业化宏观政策进行调整，需要改革高师院校数学专业设置；等等。这些对策与建议为前期研究情感素养培养策略奠定了基础，但其效果如何，有待在实验研究中进行检验。

在教育学研究范畴内，卢家楣科研团队的情感素质实验研究推进了情感主题的深入研究。例如，他将发掘情感策略运用于语文教学的现场教学实验，研究结果表明，这对促进学生的认知学习和情感发展、提高课堂教学质量是有效的；[172]以中小学班主任为对象的研究指出，通过团体研修、个别指导等方式实施的情感陶冶、情绪辅导等干预措施，使中小学班主任的情感素养得到了有效提升。[301]然而，如何把这些宝贵经验应用到具体学科，即师范生数学情感素养的培养策略是否有效，还需要在实验研究中进行进一步检验，这也是本书从理论到实证的一个重要环节。

本章提出班级制形式下的师范生数学情感素养群体培养策略，并用教学实验研究验证其有效性。笔者以数学师范生导师和班主任的身份参与研究过程，通过集体学习、活动等方式，验证数学师范专业学生数学情感素养群体培养策略的效果。

6.1 群体培养策略

通过检索和学习相关文献资料，在访谈、询问大学一线经验型教师的基础上，提出7条师范生数学情感素养的群体培养策略，其成效有待在实验班和对照班的实验研究中进行验证。师范生数学情感素养群体培养策略如下：

群体培养策略一：主题班会。在入学后召开"我的数学情感"主题班会，目的是了解学生对数学的非智力性认知。活动以班会课形式进行，初步了解学生的数学情感，重点是通过观察学生的言行举止，洞察他们的内心。

群体培养策略二：小组访谈或一对一访谈。为了更深入地了解学生的内心世界，利用课余时间约谈学生，了解他们的学习情况，在了解过程中也对学生进行分类，大致可分为胸怀满腔数学情怀、对数学喜恶参半、误打误撞进入数学专业的随遇而安、谈不上喜欢数学等类型。为了更深入地了解师范生的数学情感素养现状，在访谈中，还可以拓展了解家庭、学校、个人等因素对师范生数学情感素养的影响。

群体培养策略三：专题讲座。讲座时间大约为2个小时，从"数学素养"的专业说法、社会重视数学素养、着力提高数学素养、数学专业师范生应具备哪些数学素养等内容展开，指明师范生除了具备数学知识素养和数学技能素养这两个智力因素方面的素养外，还要具备非智力因素方面的素养——数学情感素养，并强调积极的数学情感素养对师范生学习、生活的意义，进而说明培养积极数学情感素养的价值，让学生对自己的专业素养，特别是数学情感素养有了全面的认识与了解。

群体培养策略四：讲座后的研讨。为鼓励学生积极参与研讨，首先进行简短讲座引导。研讨主题为"师范生眼中的数学家与数学情感"，组织师范生就自己最崇拜的数学家、数学家轶事对自己数学情感的影响等问题进行研讨。

群体培养策略五：授课。开设"数学史与数学思想方法""数学文化""数学美学"等课程，对师范生进行数学文化渗透，通过具体形象的事迹和案例，激发他们的数学情感；在讲解某些枯燥、难懂的概念、定义或定理时，结合数学史内容，简明阐述该概念、定义或定理产生的背景与实用价值，使其变得生动有趣。设计每周2节、共8周的"数学文化"课教授。主讲教师由4人组成，其中教授2

人、副教授2人。“数学文化”课的内容具体如下：

第一章：数学文化概论。主要向数学师范生阐述“数学的语言及数学的应用”“数学的魅力”“数学发展简史”“数学是什么”等内容。

第二章：若干个数学经典问题中的数学文化。主要让师范生了解“古代规尺作图难题”“五次方程的根式解”“有限与无限的问题”“黄金分割”“哥尼斯堡七桥问题”“从勾股定理到费马大定理”“经济学是否需要公理化框架”“海岸线的长度”等数学问题中的数学文化。

第三章：若干数学典故中的数学文化。具体讲解“《九章算术》与《海岛算经》”“历史上的三次数学危机”“韩信点兵与中国剩余定理”“阿波罗尼奥斯与《圆锥曲线论》”“欧几里得几何与非欧几何”“田忌赛马与运筹学”“希尔伯特和他的23个问题”“哥廷根的兴衰”“国际数学家大会与菲尔兹奖”等数学典故中的数学文化。

第四章：若干数学观点中的数学文化。着重论述“抽象”“对称”“类比”“转化”“数理统计”“数学机械化”“相容性、独立性和完全性”等数学观中的数学文化。

通常，师范生数学课程都是在数学知识结构框架下，选择教学内容进行教学；“数学文化”课，则是从数学观点、数学思想、数学方法、数学典故、数学问题等角度出发，选取相关素材来进行教学。传统数学课，以传授数学理论知识和应用技巧为主要目的；虽然“数学文化”课也传授一定的数学理论知识，但其更侧重于传播数学思想、启发学生的数学兴趣，进而回归到数学育人的师范生数学情感素养培育。

群体培养策略六：学生座谈会。座谈会主题为谈谈师范生数学情感素养是什么及塑造途径。活动中让师范生围绕以下角度进行讨论：① 师范生应具备的数学情感；② 提升师范生数学情感素养的读物等。活动中推荐一些有关数学师范生情感素养的读物，请师范生课后自学并在干预活动中进行交流。其中，推荐的数学史方面的读物部分如下：

(1) 2004年由科学出版社出版的《中国传统数学思想史》(作者：郭金彬，孔国平)。

(2) 1994—2000年由科学出版社出版的《数学百科全书(5卷本)》(作者：王元，严士健，石钟慈)。

(3) 1998年由中国大百科全书出版社出版的《中国大百科全书(数学卷)》(作者：中国大百科全书编辑委员会)。

(4) 1994—2002 年由江苏教育出版社出版的《中国现代数学家传(5 卷本)》(主编:程民德)。

(5) 1995 年由科学出版社出版的《世界著名数学家传记(上、下册)》(主编:吴文俊)

(6) 2002 年华东师范大学出版社出版的《世纪数学经维》(作者:张奠宙)。

(7) 2002 年上海科学技术出版社出版、北京大学数学系数学史翻译的《古今数学思想》(作者:[美]莫里斯·克莱因)。

群体培养策略七:师生座谈会。座谈内容是师范生与院长进行交流沟通。通过"我与院长面对面"座谈会,让师范生谈谈自己对学院的期望。例如,谈一谈希望在大学阶段培养自己的哪些数学情感素养,获得怎样的培育与帮助等。

6.2 实验方法

借鉴王俊山"中小学班主任情感素质的实验研究(一)"[301]内容设计,设计群体培养策略实验研究。

6.2.1 实验对象

选取福建省某地方院校数学与应用数学师范专业的两个新生班级为实验对象,并获得实验对象所在学校、院系各部门的支持。首先,在入学编班时,尽可能地按入学成绩、家庭背景等平均分配实验班和对照班的学生,以保证实验对象初始情况的基本一致性。其次,在群体培养策略实验期间,实施教学计划时,给实验班和对照班安排同样的课程和任课教师。再次,研究者以班主任和导师的身份融入实验班的学生群体中,与学生融洽相处,争取得到每位学生的积极配合。这从源头排除了实验对象初始情况差异的困扰,也缓解了个别学生不配合实验研究的抵触情绪。在实验过程中,对实验班和对照班采取不同的教学方式,即对照班按常规教学,实验班进行干预实验,通过对比分析来验证数学情感素养群体培养策略实施的有效性。

选取的实验班前后测有效配对共 50 人,其中男生 9 人,女生 41 人;选取的对照班前后测有效配对共 50 人,其中男生 8 人,女生 42 人。实验期间,研究者尽可能深入到实验班学生当中去，通过与学生的个别谈话，了解他们的个性特征，通过观察学生的言行举止，洞察他们的内心，因材施教，针对不同学生采用不同的激励方式，充分调动学生的数学学习兴趣，达到培养他们数学情感的目标。这在一定程度上弥补了研究时间不充分的缺陷，提高群体培养实验的有效性。

6.2.2　实验工具

(1) 师范生数学情感素养调查问卷，以此作为检测数学情感素养群体培养实验效果的前测工具与后测工具(附录 9)。

(2) 师范生数学情感素养访谈提纲(附录 10)。

6.2.3　实验过程

1. 前测阶段

在正式开始群体培养实验前，发放师范生数学情感素养问卷，对实验班和对照班的数学师范生进行前测，目的是了解实验前师范生数学情感素养的基线水平，并进行样本的同质性检验。

2. 实验阶段

根据师范生数学情感素养的特点，以提高师范生数学责任感、数学自强感、数学统一美感、数学对称美感等为突破口，研究者以实验班学生的导师和班主任身份深入到实验班学生中，通过“我的数学情感”主题班会、小组访谈或一对一访谈、“数学素养”专题讲座、师范生眼中的数学家与数学情感研讨、“数学文化”授课、师范生数学情感素养是什么及塑造途径的学生座谈会、师范生与院长沟通的师生座谈会，最终达到验证师范生数学情感素养群体培养策略效力的目的。对实验班的师范生进行每 2 周 1 次、每次 2 课时的为期 16 周的群体培养实验干预；而对对照班的师范生则不采取任何实验处理。

3. 后测阶段

师范生数学情感素养群体培养实验结束一周内，再次发放师范生数学情感素养问卷，对实验组与对照组的数学专业师范生进行后测，目的是了解实验实施之后师范生数学情感素养的状况。

6.3 实验结果

6.3.1 独立样本实施效果

群体培养策略实验前，对实验班与对照班数学专业师范生进行“师范生数学情感素养问卷”测试，结果如表 6.1 所示。

表 6.1 实验班与对照班师范生各数学情感素养在前测时的得分比较

内容	实验组($n=30$)		对照组($n=30$)	
	M	*SD*	*M*	*SD*
数学原则感	4.22	0.48	4.12	0.51
数学责任感	4.43	0.79	4.33	0.81
数学合作感	4.56	0.63	4.39	0.68
数学探奇感	4.35	0.98	4.41	0.75
数学自强感	4.51	0.83	4.64	0.78
数学执着感	4.62	1.01	4.58	0.92
数学严谨感	4.76	0.45	4.79	0.53
数学逻辑感	4.73	0.71	4.62	0.66
数学统一美感	4.42	0.51	4.41	0.49
数学对称美感	4.38	0.67	4.46	0.59
数学奇异美感	4.35	0.58	4.23	0.84
数学情感素养	4.61	0.73	4.52	0.63

由表 6.1 可见，实验班在数学原则感、数学责任感、数学合作感、数学执着感、数学逻辑感、数学统一美感、数学奇异美感、总数学情感上的平均得分略高于对照班；而在数学探奇感、数学自强感、数学严谨感、数学对称美感上，实验班的平均得分却低于对照班，但均没有显著差异($p>0.05$)。这说明，实验班与对照班在干预实验前不存在显著的差异性，可以视为是同质的。

群体培养实验后，再次发放师范生数学情感素养问卷，对实验班与对照班的数学师范生进行测试，结果如表6.2所示。

表6.2　实验班和对照班师范生各数学情感素养在后测时的得分比较

内　容	实验组（$n=30$）		对照组（$n=30$）	
	M	*SD*	*M*	*SD*
数学原则感	4.23	0.49	4.18	0.55
数学责任感	5.03	0.82	4.36	0.79
数学合作感	4.57	0.61	4.41	0.66
数学探奇感	4.45	0.92	4.39	0.72
数学自强感	5.13	0.74	4.68	0.83
数学执着感	4.85	0.89	4.61	0.94
数学严谨感	4.94	0.57	4.92	0.57
数学逻辑感	4.93	0.63	4.91	0.63
数学统一美感	5.07	0.48	4.43	0.51
数学对称美感	5.15	0.52	4.45	0.64
数学奇异美感	4.79	0.67	4.25	0.83
数学情感素养	4.96	0.91	4.53	0.59

由表6.2可见，实验班与对照班师范生的数学责任感、数学自强感、数学执着感、数学统一美感、数学对称美感、数学奇异美感和数学情感素养的平均得分有显著差异（$p=0.010$、0.006、0.043，0.005、0.012、0.021、0.015，小于0.05）；在数学原则感、数学合作感、数学探奇感、数学逻辑感上平均分没有显著性差异（$p>0.05$），且是实验班的得分均略高于对照班。

6.3.2　配对样本实施效果

如表6.3所示，对照班师范生的前、后测试，除了数学严谨感和数学逻辑感达到显著性差异外（$p<0.01$），其余各种数学情感均无显著性差异（$p>0.05$）。除数学原则感、数学奇异美感外，其他各种数学情感的前测平均得分均低于后测。

表 6.3 对照班师范生各数学情感素养的前测与后测得分比较

内　容	前测($n=30$)		后测($n=30$)	
	M	*SD*	*M*	*SD*
数学原则感	4.22	0.48	4.18	0.55
数学责任感	4.43	0.79	4.36	0.79
数学合作感	4.56	0.63	4.41	0.66
数学探奇感	4.35	0.98	4.39	0.72
数学自强感	4.51	0.83	4.68	0.83
数学执着感	4.62	1.01	4.61	0.94
数学严谨感	4.76	0.45	4.92	0.57
数学逻辑感	4.73	0.71	4.91	0.63
数学统一美感	4.42	0.51	4.43	0.51
数学对称美感	4.38	0.67	4.45	0.64
数学奇异美感	4.35	0.58	4.25	0.83
数学情感素养	4.61	0.73	4.53	0.59

如表 6.4 所示,实验班师范生的前后测在数学责任感、数学自强感、数学统一美感、数学对称美感和数学情感素养上平均得分均有显著性差异($p=0.013$、0.024、0.018、0.009、0.035,小于 0.05);在其他数学情感上的平均得分无显著性差异,且后测平均得分均高于前测。

表 6.4 实验班师范生各数学情感的前后测得分比较

内　容	前测($n=30$)		后测($n=30$)	
	M	*SD*	*M*	*SD*
数学原则感	4.22	0.48	4.23	0.49
数学责任感	4.43	0.79	5.03	0.82
数学合作感	4.56	0.63	4.57	0.61
数学探奇感	4.35	0.98	4.45	0.92
数学自强感	4.51	0.83	5.13	0.74
数学执着感	4.62	1.01	4.85	0.89
数学严谨感	4.76	0.45	4.94	0.57
数学逻辑感	4.73	0.71	4.93	0.63

续表

内　容	前测（$n=30$）		后测（$n=30$）	
	M	SD	M	SD
数学统一美感	4.42	0.51	5.07	0.48
数学对称美感	4.38	0.67	5.15	0.52
数学奇异美感	4.35	0.58	4.79	0.67
数学情感素养	4.61	0.73	4.96	0.91

6.4　实验分析与讨论

在实际操作中，干预实验研究本身就具有一定难度，而现场干预实验研究则更难。在现有的学校干预实验研究中，从研究对象来看，多数以学生为研究对象，这是因为以班级为单位的学生取样方便，比较容易找到合适的实验班与对照班；从研究内容来讲，由于认知干预实验的干预变量具有易操作、效果较易显现等特点，关于认知干预的研究比较多，而涉及情感实验的研究很少，特别进行数学情感素养群体培养实验的更是匮乏。因此，对数学师范生数学情感进行群体培养实验研究，就显得十分棘手。

本书选择福建省地方师范院校大一数学专业师范生的两个平行班作为实验班与对照班。由于本研究获得了实验对象所在学校、院系各部门的支持，从入学编班、实验期间的教学计划实施等源头保证了实验对象初始情况的基本一致性和学生对实验研究的积极配合。群体培养实验前，利用师范生数学情感素养问卷对实验班与对照班的数学情感素养现状进行调查，证明了两个班的数学情感素养总体水平相当，两个班学生在数学情感素养、数学道德情感素养、数学理智情感素养、数学审美情感素养和11种数学情感上的得分不存在显著性差异。

6.4.1　实验的独立样本分析

研究发现，通过群体培养教学实验，实验班和对照班的数学师范生在数学责任感、数学自强感、数学统一美感、数学对称美感及数学情感素养上的平均得分有了显著性差异，这说明了群体培养策略在实验中发挥了积极作用，即策略方案对提高师范生的数学情感素养是有效的。

群体培养实验方案是由研究者总体设计，经征求导师和学生意见，结合实验对象所在学校、院系各部门、任课教师、辅导员的可操作性建议进一步修改与完善而成的。参与实验的数学师范生每周都会参加班会课，这个时间可充分运用于本次实验的专题讲座和主题班会开展等；实验对象的辅导员、任课教师、所在院校领导对本研究的积极配合，保证了培养策略方案的顺利实施；实验班数学师范生的积极配合，使得群体培养实验能够真正落实。因此，有效群体培养策略方案的设计与落实、实验对象所在学校领导与老师的理解与支持、实验班数学师范生的配合与投入，是本研究得以成功的重要保障。

实验结果启发我们，一方面，师范生数学情感素养的提升离不开自身的努力。如果师范生通过自己的努力，投入大量的时间与精力，自觉阅读数学情感素养有关书籍等，对提升师范生数学情感素养更有效果。另一方面，行之有效的群体培养策略措施，使师范生能够化被动学习为主动学习，并在积极自我反思中注重提升，这对师范生的数学情感素养的提升更有意义。

通过群体培养实验后测结果发现，实验班与对照班师范生在数学原则感、数学合作感、数学严谨感、数学逻辑感、数学奇异美感方面没有达到显著性差异。究其原因，可能有以下两个方面：一是可能受群体培养实验方案侧重内容的影响。群体培养实验方案侧重对师范生数学责任感、数学自强感、数学统一美感、数学对称美感等进行干预，后测研究结果也表明，实验班与对照班的这些数学情感存在显著性差异。由于师范生数学情感素养内容广泛，群体培养实验研究不可能对所有数学情感素养面面俱到，因此非重点干预的那些数学情感素养的变化就不明显。二是可能受群体培养实验时间长度影响。因为师范生数学情感素养在一定时间内具有相对稳定性，如果不经过长时间的连续干预，即使作为干预重点，有些数学情感素养的提升效果也不会特别明显。此外，由于个别数学师范生的主观能动性不强，在群体培养实验过程中不积极配合，策略方案在他们身上没有得到完全落实，这也会影响师范生相应数学情感素养的提升。

6.4.2 实验的配对样本分析

在对实验班与对照班师范生数学情感素养各自前后测结果进行配对检验

时发现，实验班师范生的数学责任感、数学自强感、数学统一美感、数学对称美感及数学情感素养的前后测有显著差异，而对照班师范生的数学情感素养前后测总体水平没有显著变化，这从另一个方面也说明了群体培养实验策略的效果。

在对实验班与对照班进行独立样本检验时发现，差异不显著的数学统一美感、数学对称美感在实验班前后测达到了显著性变化，这说明实验组这两种数学情感的提升比较明显。通过对照班师范生数学情感素养前后测比较发现，对照班师范生在数学严谨感和数学逻辑感上有了明显提升。

笔者就对照班师范生进行了考察，发现这与对他们在群体培养实验阶段中学习了“数学分析”“高等代数”课程有关。对照班师范生普遍反映，“数学分析”每章节都是给出基本定义、导出相关性质、运用定义与性质解题等严谨结构，“高等代数”每章节都是由基本概念、运算规则确定、代数结构形成等逻辑推理而成。通过这两门专业课的学习，使得对照班师范生的数学情感(数学严谨和数学逻辑感方面)在潜移默化中发生了变化。当然，可能还有其他造成这两种数学情感得分发生变化的原因，这有待在深入访谈中进一步了解。

◆ 本章小结

通过实验，得到群体培养策略的实验结果如下：

(1) 通过实验前测与后测数据比较发现，师范生数学情感素养的测试结果有显著性差异。实验班与对照班师范生的数学责任感、数学自强感、数学执着感、数学统一美感、数学对称美感、数学奇异美感和总数学情感的平均得分有显著差异($p=0.010$、0.006、0.043，0.005、0.012、0.021、0.015，小于0.05)；在数学原则感、数学合作感、数学探奇感、数学逻辑感上平均分没有显著性差异($p>0.05$)，且实验班的得分都略高于对照班。

(2) 对照班师范生的前后测除了数学严谨感和数学逻辑感达到显著性差异外($p<0.01$)，其余各种数学情感均无显著性差异($p>0.05$)。除数学原则感、数学奇异美感外，其他各种数学情感的前测平均得分均低于后测。实验班师范生的前后测在数学责任感、数学自强感、数学统一美感、数学对称美感和数学情感素养上，平均得分均有显著性差异($p=0.013$、0.024、0.018、0.009、0.035，小于0.05)；在其他数学情感上的平均得分无显著性差异，且后测平均得分均高于前测。

(3) 在对实验班与对照班师范生数学情感素养各自前后测结果进行配对

检验时发现，实验班师范生的数学责任感、数学自强感、数学统一美感、数学对称美感及数学情感素养的前后测有显著差异，而对照班师范生的数学情感素养前后测总体水平没有显著变化，这也说明了本次实验中的培养策略具备有效性。

(4) 在对实验班与对照班进行独立样本检验时发现，差异不显著的数学统一美感、数学对称美感在实验班前后测达到了显著性变化，这说明实验组这两种数学情感的提升比较明显。通过对照班师范生数学情感素养前后测比较发现，他们在数学严谨感和数学逻辑感上有了明显提升。

通过研究得到以下几个结论：

(1) 通过实验前测与后测数据比较发现，师范生数学情感素养群体培养策略实施效果良好。“我的数学情感”主题班会、小组访谈或一对一访谈、“数学素养”专题讲座、师范生眼中的数学家与数学情感研讨、“数学文化”授课、师范生数学情感素养是什么及塑造途径的学生座谈会、师范生与院长沟通的师生座谈会等是提升师范生数学情感素养的有效群体培养策略。

(2) 群体培养策略实验结果显示：一方面论证了大学阶段数学情感素养的培育具有可塑性；另一方面启示要加强运用数学情感素养在育人方面的优势，积极采取有效群体培养策略，落实数学学科立德树人的根本任务。

(3) 实验中的数学情感素养群体培养策略是以班级为单位进行的，具有共性特征，无法顾及因人而异的个性特点。同一培养策略对不同个体会产生不同的干预效果，为达到对某类学生数学情感素养培育问题的深刻认知，有待采用个案研究法对个体进行深入研究。

第 7 章　师范生数学情感素养个体培养实验研究

在过去近一个世纪里，个案研究俨然已成为科学研究中重要研究方法之一。[302]个案研究中一个很好的范本就是费孝通先生的《江村经济》，他唤醒了学者对个案研究法的再认知。鉴于数学情感素养概念较为宽泛、边界模糊等特点，采用个案研究不仅可以避免实证研究中“代表性”争议的问题，还可以有效贯彻“以生为本”教育理念和践行因材施教的教育原则。通过对数学情感素养个体培养实验的深入剖析，既能达到对某类数学师范生培育问题的深刻认知，也能从不同类型与层次揭示数学情感素养培育问题的实质，进而提出一些有针对性的对策或建议。从研究方法上来讲，针对“国内数学素养研究以思辨、归纳、演绎和经验总结方法为主”[61]的现状，个体培养实验研究既是师范生数学情感素养研究方法的突破，也是对上一章师范生数学情感素养群体培养实验研究的有益补充。

7.1　个案研究可行性概述

7.1.1　个案研究的科学性

个案研究，即个案调查，主要指对某一特定个体、单位、现象或主题的研究。个案研究需要广泛收集相关资料，详细了解、整理与分析研究对象所产生和发展的过程、内外因及其相互关系，最终形成对研究问题全面的深入的认识和研究结论。个案的选取可以是事件、过程、个人、群体、社会或社会生活中的任一其他单位。从本质上说，个案研究不是对一个具体现象总体的认识，而是通过对个别案例的研究达到对某类现象的认知。[303]费孝通先生说："国外所称的'个案研究'大体相似于典型调查。""我们现在更习惯把个案研究称为典型调查，典型调查已变成中国化个案研究的代名词。"[304]

关于个案研究的目的，张立昌认为，研究者"言于此，意在彼"，试图从特殊推广为一般、以具体展示抽象，即实现从情境性理论到普遍性理论。[305] Louis Cohenand Lawrence Manion 论述教育中的个案研究时提到："个案研究者选择典型案例，通过观察单一个体，比如一名儿童、一个小组、一个班级、一所学校或者一个单位，研究其特性，目的在于探求个体在教育过程中表现出来的现象，以寻求个体所属的总体普遍化现象。"[306]

鉴于个案研究过于微观，学术界对其科学性、研究结论可推广性、学术价值一直存在争议[305]，但个案研究仍然是质性研究的重要方式之一，它在教育学中的运用是一种在真实情境或背景下对教育个别案例的独特解释与深刻剖析。[307]教育个案研究的意义在于，透过个案折射出宏观社会结构和教育发展变迁，建立宏观社会和微观个案的联系。个案研究的科学性促进可推广性，其可推广性与超越微观的学术追求则确立了个案的学术价值。[305]

检索文献发现，我国教育学研究领域关于情感素养及其邻近主题研究采用个案研究方法较少。在情感研究领域影响较为广泛、贡献较为卓著的是卢家楣科研团队，其情感素质的实证研究均采用问卷法进行大规模调查。[85]

基于上述对"个案研究"概念及目的的理解，本书尝试将个案研究方法运用于师范生数学情感素养个体培养策略研究。通过对一些典型师范生数学情感素养现象进行详细描述与缜密分析，达到对某一类数学师范生数学情感素养培育问题的深刻认识。透过个案折射出因人而异的个性化培育策略，践行立德树人的教育理念，并促进数学师范生的人才培养。

7.1.2 个案研究的合理性

个案研究是否具有代表性、有多大的代表性、如何能推论到研究总体，这些一直是国内外社会学界争论的焦点问题。个案研究方法的代表性问题也是其遭受质疑的关键。中山大学王宁教授用"虚假问题"很好地解答了这一质疑。他认为："个案研究的实质是通过对某个或几个案例的研究来达到对某一类现象的认识，因此个案不是统计样本，它并不一定非要代表性不可。"[303,308]王宁教授的这段话在一定程度上消除了学者们对个案研究的质疑，也从认识上为本书采取个案研究法扫除樊篱。

“所谓代表性，指的是样本的一种属性，即样本能够再现总体的属性和结构的程度。总体的范围和清楚边界是任何样本的出现必有的一个前提。”问卷调查是当今国内外社会学界的主流研究方法，而个案研究方法却鲜少被采用[303]。在教育领域里的情感素养类研究主题的文章，也是热衷于问卷调查，例如，卢家楣教授在情感素质理论与实践探索相结合的基础上编制了中国大学生情感素质问卷(内含6个分问卷)，并对全国3类地区14座城市100所大学的11982名大学生进行大规模情感素质调查[85]。王俊山编制了中小学班主任情感素质问卷，对上海市8个区县54所中小学的1576名班主任进行了情感素质的现状调查[309]。刘伟编制了青少年生活情感问卷，调查了全国3个经济层次9个城市及其郊县的25485名青少年生活情感现状[162]。陈宁问卷调查了上海市1105名大学生的道德情感[202]。周文辉通过调查问卷阐述了全国27所高校导师与研究生的对研究生与导师关系的现状[310]。高永良通过广泛查阅相关文献，并结合课题研究实际，设计了浙江省高校大学生创业意识与能力培养调查问卷，对浙江省6所高校1000多名大学生进行了创业意识与能力培养[311]。邓倩全面分析除了我国2253名研究生的科学素质现状[312]。谢根生对湖南省4所高职高专院校1526名学生文化素质状况进行了调查[313]。王秀香运用问卷调查了辽宁省14个地区298名中学体育教师的专业素质需求情况[314]。罗亚莉运用问卷调查了437名大学生专业承诺[315]。张冲问卷调查了1942名中职学生积极心理品质发展状况[316]。张良才问卷调查了山东省济南、青岛、泰安、济宁和日照5个地市的10所高中(重点和非重点中学各5所)的高一、高二学生，共发放问卷1000份[317]。郑晓娜问卷调查了全国208所高校2500名大学生的微信传播媒介问题[318]。付艳芬问卷调查了全国6个地区的各类学校、医院、社会机构中正在从事心理健康教育的2351名工作人员[319]。从上述可以看出，问卷调查涉及的样本数量大，从几百份到几千份，甚至上万份；调查对象涉及范围广，有些研究力争囊括全国各个省份。其目的都是通过样本的选择来解决其代表性的问题。而“情感素养”这一关键词的主观性导致了研究总体的边界模糊，因此，是以“百”“千”“万”为计的样本，还是以更大的数量为样本，以及哪一种样本量达到了代表性的要求，都是有争议的。

典型性问题。情感素养类研究总体范围和边界模糊，导致样本量的选择存在争议，因此个案研究的意义得以体现。个案研究避开“代表性虚假问题”的争议，通过选取个案的典型性来阐释其研究结论的普适性。“典型性则是个案所必须具有的属性,是个案是否体现了某一类别的现象(个人、群体、事件、过程、社区等)或共性的性质"[303]个案研究通常选取一个或几个典型案例作为研究对象,通过对事物全面的、典型的分析和考察,以达到深入了解事物性质的目的[320]。如何从了解对单个村庄上升到了解整个中国社会,费孝通认为,通过对不同类型村庄的调查,"用比较方法逐步从局部走向整体","逐步接近我想了解的中国社会的全貌",最终上升到对整个中国社会全貌的了解。[302]

综上,对个案研究的代表性和典型性问题有了基本认识,也为将个案研究运用于师范生数学情感素养个体培养实验研究提供了合理性依据。

7.2 个体培养策略

首先,个体培养策略面临情感素养总体边界模糊性问题。由于情感素养问题是一个主观性很强的研究主题,具有复杂性、多样性、变异性等特点,总体边界比较模糊,总量亦是难以确定。基于样本总体范围和边界必须清楚的前提,抽样调查在总体边界不清楚的情感素养问题面前显得无能为力。而个案研究总体边界的模糊性[308],恰好使其在情感素养问题研究应用中具备了理论的可行性。

其次,个体培养策略面临教育复杂性问题。教育是人与人互动的一个过程,在尊重受教育者个体差异的呼吁下,"因材施教"的教育理念应运而生。而"个案研究属于质性研究的方法范畴,说到底,它最为根本的目的并不在于为科学——实证化研究积累量和类型学样本(这也正是个案研究在此路径上始终无法摆脱方法论困惑的根本原因),而是要为理解社会的多样性和复杂性提供案例"。[321]通过典型的教育问题个案研究,有利于深入被研究者的内心世界,全面细致认识教育问题的复杂多样性,厘清教育问题产生的原因、背景等,从而透过表象洞察问题本质,并为解决教育问题提出有针对性的建议。

因此,在个体培养策略研究过程中,应遵循以下3个原则:第一,科学性原则。数学情感素养案例选取对象,虽然针对单一个体,但尽可能地代表某一类型,案例研究分析缜密客观,符合教育规律的科学性原则。第二,深入诊释原则。对选取的案例不仅要有表象上的观察,还要进行内在的诊释。诊释,即对案例进行必要的设释、说明及反思。诊释可以根据数学情感素养案例开展的事实情况对一些问题做必要的解释说明，并对需要进一步讨论的问题提出建议，从而对师范生数学情感素养的影响因素、培育效果、提升策略等进行评价。第三，详实描述原则。案例描述要围绕主题，突出问题，强调真实、自然、可信，主要内容应来源于数学情感素养培育中的真实情境、生动过程、实际现象。虽然，在描述过程中可能进行必要的加工或调整，但尽量以实录的形式展示所作的描述，力求还原案例的原貌。第四，非正式手续原则。案例研究可时时注意、留心观察，根据有关反馈及时作出相应调整，对研究对象进行深入研究。

基于此，本书对师范生数学情感素养个体培养策略进行以下分类：

一是针对数学原则感和数学责任感较弱的师范生。相应的数学情感素养个体培养策略如下：首先，通过面谈交流的直接辅导方式，对其进行自尊心教育；其次，加强数学责任感培育；最后，加强与家长、老师、同学的沟通，并取得他们的配合。

二是针对数学自强感和数学执着感偏弱的师范生。相应的数学情感素养个体培养策略如下：首先，认真倾听学生讲述自己的专业学习困扰，并从专业认同度上对其进行指导；其次，引导学生跨越心中障碍，树立数学自强感；最后，对其进行行为指导，提升数学自强感。

三是针对数学审美感相对较弱的师范生。相应的数学情感素养个体培养策略如下：首先，树立坚定信念；其次，进行数学审美情感教育；最后，进行行为指导，如一起制订学习计划，并取得老师和同学的支持。

四是针对数学合作感、数学自强感、数学奇异美感相对较弱的师范生。相应的数学情感素养个体培养策略如下：首先，增强合作意识与能力，提升数学合作感；其次，进行数学自强感教育；最后，进行数学奇异感教育。

7.3　实 验 方 法

7.3.1　实验对象

选取4位同学作为个体培养实验对象，分别为数学原则感和数学责任感较弱类型代表林同学，数学原则感和数学责任感较弱类型代表李同学，数学自强感和数学执着感偏弱类型代表吴同学,数学合作感、数学自强感、数学奇异美感相对较弱类型代表谢同学。需要说明的是,下文将上述类型对应的培养策略分别简称为个体培养策略一、个体培养策略二、个体培养策略三和个体培养策略四。

7.3.2 实验工具

(1) 师范生数学情感素养调查问卷,将此作为检测数学师范生情感素养个体培养实验效果的前测与后测工具(附录9)。

(2) 师范生数学情感素养各维度操作性定义及条目表(表5.2)。

(3) 师范生数学情感素养访谈提纲 (附录10)。

对学生进行个案访谈之前,先让学生填写师范生数学情感素养问卷,并按照附录10的访谈提纲,对4位同学进行个人访谈,并对他们实施个体培养策略。在经过约每月1次、为期一个学期的个别指导后,再次让他们填写师范生数学情感素养问卷,对他们的数学情感素养状况进行测量。

具体访谈题目如下:

(1) 你为什么选择读数学师范专业?

(2) 请对照师范生数学情感素养各维度操作性定义及条目表(表5.2),评价自己哪些数学情感素养较强,哪些数学情感素养较弱。

(3) 你认为影响自己数学情感素养的主要因素有哪些?

(4) 你需要学院或老师提供哪些提升自我数学情感素养的有效帮助?

(5) 通过数学学习,对你个人素养塑造有哪些帮助?

(6) 请谈谈你的数学情感素养小故事(如学校或家庭教育中关于数学的小故事,谈谈它对你现在的数学情感素养的形成有何影响)。

7.3.3 实验过程

1. 个体培养策略一

(1) 林同学的访谈记录

林同学是实验班班长,性格开朗,喜欢侃侃而谈。他热心于班级事务,但花在数学学习上的时间却很少。访谈记录如下:

笔者:你为什么选择读数学师范专业?

林同学:家里人安排的,他们觉得当老师挺好的,但看当哪个科目的老师了。我自己也不知道我到底喜欢的是什么,不过我觉得当老师和小孩子一起玩,在快乐中学习是一件幸福的事情,感觉很有趣。选数学是觉得自己数学还可以,虽然数学是让很多人头疼的科目。

笔者:请对照师范生数学情感素养各维度操作性定义及条目表(表5.2),评价自己哪些数学情感素养较强,哪些数学情感素养较弱。

林同学:数学探奇感、数学逻辑感比较强;数学责任感、数学严谨感比较弱。

笔者:你认为影响自己数学情感素养的主要因素有哪些?

林同学:数学老师的教学方式、教材的学习内容,以及周边的学习氛围。

笔者:你需要学院或老师提供哪些提升自我数学情感素养的有效帮助?

林同学:联系生活实际的数学知识,让数学看起来离生活没有那么远。

笔者:通过数学学习,对你个人素养塑造有哪些帮助?

林同学:锻炼了我思维逻辑的严密性,还培养了我严谨的态度。虽然我想要"游戏人生",但是我发现有些事情,真的不能浑水摸鱼,得踏踏实实地做下去。

笔者:请谈谈你的数学情感素养小故事(如学校或家庭教育中关于数学的小故事,谈谈它对你现在的数学情感素养的形成有何影响)。

林同学:最喜欢的就是运用巧妙的解法解答一个看起来很难的题目,这是我非常喜欢做的事情。就是想到别人想不到的事情是我一直想要做的事情。数学,要先学会数学,掌握相应的知识后才会联想到那巧妙的解法。

(2) 林同学的培养策略

通过交谈,笔者了解到林同学的父亲是个商人,母亲全职在家。因为林同学是家中长子,父母告诫他凡事要让着两个妹妹,并希望他为家里的两位妹妹树立起模范带头作用。从小被父母管教严格的他,一直是家人眼中的好孩子。但习惯了在父母管束下学习、遵从父母意愿做事的他,显得不够独立。这从访谈记录"我自己也不知道我到底喜欢的是什么"中也可以体现出来。从他的自我评价和问卷调查结果可见,他的数学探奇感(5.0)较强,但他的数学原则感(4.0)和数学责任感(3.33)相对较弱。比如,他常常信誓旦旦地下定决心要好好学习,但在游戏或手机的诱惑下,一次次降低自己的数学学习原则。面对落得越来越多的功课,他感到烦躁、心虚。他明知道这样做不对,但是不知道怎么改变。他说是因为对自己不够狠,总下不了决心刻苦学习。究其原因,是他数

学原则感和数学责任感较弱。为此,对林同学的数学情感素养培养策略如下:

首先,通过面谈交流的直接辅导方式,对其进行自尊心教育,用数学家刻苦学习的故事激发他的坚强意志力,并采取行动指导培养他的数学原则感。笔者告诉林同学,作为一名数学专业师范生,数学学习是首要任务。四年的大学学习时间转瞬即逝,如果学业没完成,那么谈何毕业与就业?数学学习肯定很辛苦,需要坚强的毅力,古今中外没有哪一位数学家是轻轻松松就取得辉煌成就的。笔者与林同学分享了苏步青如饥似渴学习数学报效祖国、陈景润废寝忘食攻克数学难题、华罗庚凭借坚强毅力终成一代数学宗师、祖冲之通过勤奋好学与刻苦实践成为古代杰出数学家等故事。笔者鼓励林同学,刚开始可以设定一些小目标,比如一天学一个定义或定理,哪怕只学一点点也比没有学好。林同学很赞同这个观点。接下来,笔者开始从自立、自强方面对他进行心理疏通——只有"自重才能得到别人的尊重"。身为一班之长,在数学学习上肯定要比其他同学更优秀,这样才能当好领头羊作用,才能在班级管理事务中服众,也才能赢得大家的尊重。鉴于他的数学原则感较弱,笔者建议他把手机游戏删除,学习时将手机关机或放在宿舍,到教室或图书馆静下心来学习。笔者还建议他可以约同学一起学习,学习时两人互换手机,这样就可以专心学习。笔者根据林同学的个体特征,在征得其本人同意后,共同商讨并制订了符合其个性特征的学习计划。应其要求,笔者找了一位学习成绩优良、作息自律的优秀学生帮助他,如提醒他课前要进行预习、上课要专心听讲,课后再帮他答疑解惑、检查作业等;遇到不懂的问题,可以问同学、问老师。他表示一定会克服困难,要让大家刮目相看。

其次,加强数学责任感培育。笔者先同他分享了责任感名言。歌德说:"责任就是对自己要求去做的事情有一种爱。"美国前总统亚伯拉罕·林肯说:"每一个人都应该有这样的信心:人所能负的责任,我必能负;人所不能负的责任,我亦能负。如此,你才能磨炼自己,求得更高的知识而进入更高的境界。"林同学作为家中长子,父母及家人对他百般关爱与信赖,并非要让他们所爱的人失去自我负责能力,而是要他为自己的学业、为自己的人生负起责任。面对数学专业学习,也要有一定责任感,因为只有自己才能对自己负责。当前最主要的是要化学习阻力为动力,迎头赶上,才能不辜负家人的殷切期望与厚爱。笔者同他分享了一些责任感的小故事,比如"用心做,就为时不晚""征服世界,先学会自制""百分之百负责""个人所承载的含义""没有契约的责任"等。他听了这些关于责任的故事,体味了感动,领悟了责任,表示在数学学习上一定要对自己负责。

最后,加强与其家长、其他老师、同学的沟通,并取得他们的配合。笔者同林同学的父母取得了联系,告知了林同学的数学学习状况,希望得到他们的支持。一向乖巧懂事、聪明好学的儿子突然不热衷于数学学习,这让林同学父母有点接受不了,但他们表示一定会积极配合笔者的建议。他们经常给林同学打电话,嘘寒问暖,关心他的学习生活,给予他极大的精神鼓励。为了有效提升林同学的数学情感素养,笔者深入课堂,并获得任课老师的支持与帮助。高等代数课老师是一位退休返聘的老教授,上课认真负责。为了配合笔者的研究,每次上课时,老师都让林同学坐第一排。除了给予特别关注外,他还经常在课堂上提问林同学,以了解他的此课程的最新学习动态。课间,高等代数老师还和林同学聊天,主动关心他的学习,并为他解决疑难问题。班上同学也十分配合笔者的研究计划——负责帮助他的同学十分尽责,每天都抓落实,这让林同学慢慢养成了自律的好习惯;每当林同学有所松懈时,班上的同学都会提醒他,为他加油鼓劲,为他取得的每一个小进步而感到开心。在老师同学的帮助下,林同学的数学学习有了起色。

经过一学期的多次指导,林同学从最初的不爱学习,变得开始习惯并喜欢学习数学了。他靠着自己的刻苦努力,顺利地通过了期末考试,并取得了优异成绩。做事有原则、有责任感的他赢得了同学的尊重,也获得了同学对他班长工作的支持与肯定。

2. 个人培养策略二

(1) 李同学的访谈记录

在干预实验中,笔者发现了对数学充满复杂情感的李同学。通过交谈,笔者了解到她的特殊数学情感故事。访谈记录如下:

笔者:你为什么选择读数学师范专业?

李同学:从小我就立志当一名医生,曾经无限美好地憧憬大学毕业后驰骋手术台、救死扶伤的情景,没想到竟然被数学师范专业录取了。这可能圆了父母希望我当老师的心愿,但现实与理想的巨大差距令我十分迷茫。我不知道自己该坦然接受现实,还是努力再续梦想。

笔者:请对照师范生数学情感素养各维度操作性定义及条目表(表5.2),评价自己哪些数学情感素养较强,哪些数学情感素养较弱。

李同学:我觉得自己的数学原则感、数学责任感、数学严谨感、数学逻辑感、较强,而数学自强感、数学执着感较弱。

笔者:你认为影响自己数学情感素养的主要因素有哪些?

李同学:我觉得家庭、学校和个人是影响我数学情素养的主要因素。家庭氛围熏陶对数学情感素养的形成起到启蒙作用,学校环境,特别是数学老师的教学风格等,对数学情感素养的培育起到重要作用,而个人对数学情感素养的塑造起到决定性作用。

笔者:你需要学院或老师提供哪些提升自我数学情感素养的有效帮助?

李同学:希望学院或老师提供一些提升数学情感素养的专业意见,比如给我们上数学情感素养的相关课程或推荐相关读物等。

笔者:通过数学学习,对你个人素养塑造有哪些帮助?

李同学:通过数学学习,我养成了讲原则、有责任感、严谨认真的做事态度。

笔者:请谈谈你的数学情感素养小故事(如学校或家庭教育中关于数学的小故事,谈谈它对你现在的数学情感素养的形成有何影响)。

李同学:我想谈谈我与数学的“爱恨情仇”。小学阶段,我的数学悟性就很高,别人觉得很难的题目,我总能轻松解答。印象最深的是四年级参加全区数学竞赛,我的比赛成绩竟比年级“数学王子”高出 10 多分,这让我对数学学习平添了许多信心。六年级升学考试时,我的数学考了 99.5 分,以几近满分的成绩为我的小学数学学习生涯画上了圆满的句号。

升入初中后,我的数学成绩在年级排名前十左右。初二年数学期中考,我考了 100 分,当时平时成绩比我优秀的同学才考了 99 分,这让我心里有点小诧异与欣喜。我至今依然清晰地记得分发试卷那天,数学郭老师神采奕奕地表扬我:“这份试卷难度不小,尖等生考 99 分很正常,但考 100 分实属优秀,除了要掌握所有数学知识外,还要有细致的心思与数学悟性……”全班同学都向我投来崇拜的眼光,我心里美滋滋的。郭老师在年级其他任课班级也自豪地夸奖了我,很快,几乎全年级的同学都知道我是“数学小天才”。在这种肯定与荣誉的包围下,我疯狂地爱上了数学课,爱上了数学学习。到了初三,郭老师每周六上午免费为年级数学尖子生“开小灶”。有幸成为其中一员的我,享受于挑战高难度题目的刺激与喜悦之中。有次郭老师给我们出了一道很难的数学题,他说这道题目需要很高的技巧,如果没找到突破口,即使是尖子生,可能花两个礼拜也未必解得出来。带着好奇,我同大家一样陷入冥思苦想之中。突然,我眼前一亮,找到了解题方法,并迅速得出正确答案。郭老师有点不相信我在那么短的时间内解出题目,但看到我的正确解答后,他那赞许和以我为豪的目光又再次出现了。那天以后,我俨然成了郭老师的得意门生。为了不辜负他的殷切期望，只要一有时间，就拼命地做数学题，初中升学考试更是以接近满分的成绩考入了重点高中。

短暂的暑假过后，在高手如林的高中，我第一次感到了数学学习的压力。由于高中数学的抽象和对康老师教学风格的不适应，入学后的几次数学考试，我都勉强地考了七八十分，不再拥有数学尖子生的金色光环。很奇怪，平时作业和练习我都能独立并准确完成，考试时觉得很难的题目在日后却又能很快得出正解。我暗暗给自己鼓劲，可成绩依旧那么不尽如人意，但我并没有对数学学习失去信心。

可怕的噩梦从那天开始。康老师将数学试卷发下来，讲评前他先评价这次试题比较难，全班平均分为 71 分。我看了看自己试卷上的 78 分，暗自庆幸没有拖班级后腿。康老师接着说："全班男生平均分为 87 分，女生为 62 分。"我看着试卷上的分数，顿时觉得格外刺眼。可康老师接下来说的话却成了我的人生梦魇："女生成绩比较差，但这不算什么，因为你们是女生嘛，考这样的成绩算不错的啦，以后考试可能和男生的距离还会更大。"天哪，他将数学平均成绩按男女分开统计就算了，但如此歧视女生数学学习的语气与神态，令我十分厌恶。在数学学习上，我的自尊心第一次受到了深深伤害。整整一节课的试卷评析，我一句也没听进去。我也曾暗下决心，要好好为自己、为女生争口气，考出优异的成绩给康老师看。可一拿起数学书，一做数学题，康老师那鄙夷的眼神便浮现在我眼前，使我无法静心学习。康老师在课堂上总是喜欢提问男生，我们在佩服男生敏锐数学思维之余，还要承受康老师轻视女生的精神打击，这种课堂常常让人压抑得喘不过气来。我在这样的课堂苟延残喘了两年，可以想象，除了必须完成的数学功课之外，我对数学根本提不起任何兴致，而曾经令我引以为豪的数学成绩也一落千丈。我在痛苦中挣扎，却始终逃不出康老师的魔咒。

转眼到了高三，偶然间郭老师知道了我的数学学习状态，他在诧异之余决定利用周末休息时间为我补习。这是何等的讽刺，曾经的数学尖子竟然沦落到这种地步。我虽面露难色，但为了学业也只得应承下来。郭老师兢兢业业、循循善诱，他鼓励我："你的数学底子很好，只要你多思考、多做题，咱们一定能迎头赶上。"他的教诲与鼓励再次燃起了我学习数学的斗志，我像抓住救命稻草一样期待每周末的数学补习，我甚至幻想着有一天考出优异的数学成绩，让歧视女生的康老师刮目相看。然而事与愿违，每个周末郭老师为我点燃的希望之火，很快就被康老师摧残得片甲不留，可以想象我的数学成绩依旧那样不堪。我感受到了一种绝望，害怕见到康老师，有时远远看见他走过来，赶紧绕道而行。功夫不负有心人,在郭老师坚持不懈地努力与陪伴下,我的高考数学成绩终于突破瓶颈,考出了满意的成绩。我感恩郭老师的辛勤教诲,是他激发了我强烈的数学情感。但同时我对数学依然心有余悸,我不知道自己在大学将面对怎样的老师,能不能跨越自己心中那道数学情感的鸿沟。

(2) 李同学的培养策略

李同学从小就立志要当医生,高考填报志愿选择了自己心仪的几所医科大学,憧憬着大学毕业驰骋手术台、治病救人的情景。当她得知自己被仍心有余悸的数学师范专业录取时,一度想要退档重新参加高考。后来在亲朋好友的劝解下,抱着在大学期间修读数学师范专业,并力争考上梦寐以求医科大学研究生的想法进入了大学。入学前,她就做好了一心只读圣贤书,为实现自己的医生梦想而不懈努力的决定。通过访谈,研究者切身体会到李同学的无助与迷茫——多年梦想的破灭、幻想在师范院校逆袭考上医学专业研究生以圆梦的艰难。从她的自我评价和问卷调查结果可见,她的数学严谨感(5.00)、数学逻辑感(5.00)较强,但她的数学自强感(3.33)、数学执着感(4.00)相对较弱。

仔细剖析李同学的数学情感素养现状,发现由于受高中数学教师的影响,她的数学自强感和数学执着感偏弱。为此,对她进行数学情感素养培养策略如下:

首先,认真倾听她讲述自己专业学习困扰与难续梦想的担忧后,先从专业认同度上对其进行指导。笔者先肯定她从医救死扶伤的博爱,再委婉地告诉她其实当老师也能感受到这样的情感。笔者分享了自己的亲身经历,从最初的不喜欢当老师、到喜欢当老师、热爱当老师、享受当老师等情感体会。当看到学生如饥似渴听讲的眼神,当看到学生攻克数学难题雀跃的表情,当看到学生取得哪怕只是一个小小进步,当看到学生真诚的笑容、听到他们真挚的呼唤,也能感受到春暖花开、面朝大海的美好。而这一切都源于学高为师的美丽回馈。笔者同李同学谈到了对她关爱至极的郭老师:“如果没有郭老师的不抛弃、不放弃,没有他对你的执着与付出,现在的你将会在哪里?郭老师无私的帮助,并不是在意你的回报,而是欣赏并珍惜你的数学天赋。如果能扎扎实实地学好数学,将来继承郭老师衣钵,将他的精神发扬光大,相信他一定会很欣慰并以你为豪的。”听到这,李同学的眼神里有光了,她觉得自己不再是一只乱舞的彩蝶了,仿佛看到了前行的灯塔。她渐渐认为,成为一名数学教师也能实现自己的梦想。

其次,引导她跨越心中障碍,树立数学自强感。因为高中阶段自己的数学成绩不佳,李同学总觉得自己的数学基础薄弱,对“数学分析”和“高等代数”这两门专业课信心不足，难以理解课程内容，令她十分困扰。对于此种情绪，笔者先肯定了她小学、初中取得的优异数学成绩，再对她高中数学成绩进行了客观评价，强调经过郭老师的帮助，高考取得满意数学成绩的她应为自己感到骄傲。笔者同她分享了数学家陈省身先生在数学学习生涯中努力攀登、自强自立的故事，丘成桐坚韧、锲而不舍、永不服输成为数学强者的故事，欧拉靠自学和惊人的毅力成为杰出数学家的故事……以此激励她要不断努力，从而使自己变得强大起来。李同学表示会努力跨越心中的那道坎，树立数学自强感。

最后，对其进行行为指导，提升其数学自强感。数学知识像个链条，一环紧扣一环，如果中间哪个环节没学好，势必会影响后续的学习。因此，笔者建议她利用业余时间，先把开学至今的两门专业课扎扎实实地学好，将每个定义、定理、性质等搞明白，并做好预习与复习工作。李同学说到做到，在进行补缺补漏的同时，她坚持做好课前预习和课后复习。李同学很崇拜自己的"数学分析"课老师，每次在课堂上看到老师将深奥的定理完整推导或证明出来，她都十分惊叹，认为这或许就是数学天赋吧。"高等代数"课是一位五六十岁的男老师教授的，这位老师自己编写授课讲义，注重培养学生的自学能力。"老师还说如果将讲义内容全部理解透了，将来考数学专业研究生肯定没有问题。"虽然该老师常常仅用15～20分钟就讲解完每节课的重难点，剩余时间就让学生自学，有问题可以及时请教，但提前标记出重难点的李同学，总能在老师讲解课的过程中找到自己百思不得其解的答案，豁然开朗。每次向老师请教，并得到老师快速地解答后，她常常感叹自己要学习的东西还很多，需要花费更多时间来学习专业基础课。

笔者告诉李同学，数学专业基础课比高中数学深奥许多，如果没有提前预习，单靠课堂上的汲取是远远不够的。由于课程内容与上课学时的限制，大学老师不可能面面俱到地向学生阐释每个知识点，只能把将重难点讲解透彻，剩余内容都得靠学生自学，因此，在抓住课堂黄金时间解决疑难点同时，课后一定要及时复习巩固。

笔者还告诉李同学，数学学习并没有想象中那么难，勤能补拙。纵观古今中外著名的数学家，除了个别具有数学天赋外，大部分数学家都是靠着勤奋刻苦一步一步走出来的。比如数学家刘徽，是公元3世纪魏晋期间一位伟大的数学家，中国古典数学理论的奠基人之一，他撰写的《海岛算经》和《九章算术注》成了中国的数学瑰宝。他致力于用逻辑推理方式论证数学命题研究，为数学刻苦探求一生。他人格高尚、不沽名钓誉、学而不厌，并给中华民族留下了宝贵的数学财富……听了历史伟人的事迹后,李同学重新找回了信心,她坚信通过自己的勤奋刻苦,也能找回昔日的数学自强感。

经过一学期的多次指导,李同学夯实了自己的专业知识,期末考试取得了优异成绩,也增强了自己的数学自强感。

3. 个人培养策略三

(1) 吴同学的访谈记录

在访谈过程中,笔者遇到这样一位男孩,他长得文文弱弱,骨子里却透着一股坚毅。笔者感觉到在数学学习上,他比班上任何同学都要刻苦,但有时夹杂着一种忧虑。经过交流,笔者发现他是一位努力想转到数学师范专业的学生。我很好奇,是什么样的数学情感力量驱使,使他走上转专业这条艰辛的道路。带着这些疑问,我与他进行了深入交流。访谈记录如下:

笔者:你为什么选择读数学师范专业?

吴同学:我选择读数学师范专业有三个原因:

一是兴趣。我喜欢学数学、做数学和教数学,很享受在这一过程中获得的充实感、满足感和成就感。我觉得数学像块橡皮泥,把握住概念、本质,允许存在多种表达方式,不管是用自己语言表达概念,还是通过不同题目看出考查数学知识的过程,均能体现出个体之间不同的思考角度、解题方法等。数学让我有了广阔的用武之地,回顾自己的学习数学过程,同学们喜欢向我请教数学难题,而我也很乐意分享自己的想法并不遗余力地教会他们。我很享受这种永远不会闲着并永葆成就感的数学学习过程,而与之最相符的职业就是成为一名数学老师。

二是求学过程中就一直崇拜数学老师,向往有一天成为像他们一样的人。从初中到高中,仅有高三的班主任不是数学老师,但庆幸的是,这位班主任也喜欢数学并鼓励我们学好数学。因此,可以说,我是在数学熏陶下长大的。回忆起来,数学老师给我印象最深刻的是他们的严谨细致与干脆利落。

三是数学学习好处多。随着学习年级的不断提高,数学的学习难度不断加大,这就越需要钻研精神。当大多数人因为数学难而放弃的时候,我还会为做完一张试卷甚至是解答一道题而独自思考一晚上。现在努力转专业的我,面临文科向理科跨越的鸿沟。因为起点低,所以我比其他同学更加刻苦,但痛并快乐坚持着。我常想,从某种程度上说,是数学学习塑造了我坚韧的性格。站在时代背景上,网络化世界、大数据的到来都需要数学。所以,数学素养将成为未来公民的基本素养。如果将来能够如愿成为一名数学老师,我将着重培养学生学习数学的毅力,学好扎实的数学本领,因为数学的作用无处不在。

笔者:请对照师范生数学情感素养各维度操作性定义及条目表(表 5.2),评价自己哪些数学情感素养较强,哪些数学情感素养较弱。

吴同学:总的来说,我的数学道德情感与数学理智情感较好,但数学审美情感较差。

笔者:你认为影响自己数学情感素养的主要因素有哪些?

吴同学:影响我数学情感素养的主要因素有以下三个:一是对待数学难题的态度。在数学学习过程中,如果没有坚持不懈、攻坚克难的精神,没有体验过解答出难题的成就感与自信感,在面对数学难题时,就想知难而退了。二是对数学的理解深度、数学与实际联系的程度都会影响数学情感素养。多数情况下,数学知识的"数"与"形"是相通的,可以通过"形",促进对"数"的理解与推导,进而加深用数学眼光看待客观世界,发现数学美,提高数学审美能力。三是进行数学思考的习惯。生活中有许多需要规划与处理的事情,如果能习惯性地运用数学思维思考,分情况探讨各种可能出现的问题,就会提前做好预防措施,或运用演绎推理,合情推理分析问题的成因,围绕核心问题寻找解决方法等。数学解题过程中的探索、严谨等思维可以迁移到平时的待人接物中,两者可以相互促进。

笔者:你需要学院或老师提供哪些提升自我数学情感素养的有效帮助?

吴同学:我觉得学院或老师可以从以下两个方面提升我们的数学情感素养:一是做数学情感素养方面的测试,让我们知道自己的不足和努力的方向;二是对"数学课堂中如何有效发展学生的数学情感素养"进行针对性培训。

笔者:通过数学学习,对你个人素养塑造有哪些帮助?

吴同学:数学学习对我个人素养塑造提供了以下帮助:一是数学学习过程中攻克难题的经历,让我明白了方法总比困难多。遇到困难需要戒骄戒躁、坚持不懈,并相信自己。二是在数学解题的过程中围绕问题,根据数学知识和给定信息,有步骤地进行条件构造,从而解出题目的思维模式养成了我遇事总能抓住核心问题,明确相关规则并有条理、有顺序地分析、解决问题的能力。三是考虑问题能够列出清单、分情况全面考虑,做到不重不漏。四是数学性质研究学习使我养成了遇到新事物也想对其进行全面了解的好习惯。五是养成数学思考习惯,如对房间进行分类整理等。

笔者:请谈谈你的数学情感素养小故事(如学校或家庭教育中关于数学的小故事,谈谈它对你现在的数学情感素养的形成有何影响)。

吴同学：我的数学情感素养小故事有以下几个：

一是数学老师的特别“关照”。小学五六年级的数学老师总会时不时地在课间偷塞给我一张纸条，上面写着一道小学奥赛题，我做好隔天再塞给他。这种属于我们俩之间的“小秘密”持续了很长一段时间。那时的我感到无比荣幸，也因此对数学产生了浓厚的兴趣。小纸条里面都是一些很常见但又容易出错的题目。依然记得每次做错后我都追着老师理直气壮地问“为什么”，正是这一张张小纸条养成了我仔细思考的严谨思维。初中时，我就读于普通中学，学校没有数学竞赛培训班。记得初二时，班主任把我和另一个同学叫到办公室，给我们每人两本参考书，语重心长地鼓励我们自学，准备参加县里的数学竞赛。年少轻狂的我们不以为然，自然也就辜负了老师的殷切希望。当时望着老师失落的背影，我们感到深深的挫败与自责。

二是在帮助同学的过程中不断成长，形成较强的责任感、执着感和严谨感。中学时期，我的数学成绩优异，同学们都喜欢来问我数学题。自尊心特强的我心想不能让他们认为我不会，所以我在课前坚持预习并做完练习，然后想尽各种方法攻克压轴难题，再把同学们都教会。我觉得自己的自学能力就是在这时候慢慢炼成的。上了高中，我才发现天外有天，我也特别崇拜当时的班主任。他说话风趣、言简意赅，解起数学题来干净利落，那时我就想以后也要成为这样的数学老师。高三在文科班结识了各班热爱数学的好朋友，大家经常一起探讨数学，别有一番乐趣。每张卷子我都会答得特别详细，因为我的卷子会传遍班级的各个角落。也就是在这一年，我做事的逻辑性、条理性完全显示出来。当然这也和当时遇到的伯乐——喜欢数学的教历史的班主任有关，他支持我在班级进行座位改革，组建数学学习小组，帮助大家互相提高成绩。

三是高考后被不适合自己的文科专业录取，于是开始了义无反顾地踏上转专业之路。第一次接触这么多高深的数学，而且还得靠自学，这令我有点招架不住。由于文理科之别，诸如极限、矩阵、行列式等概念都是在大学第一次听说。两个专业的课程都要修读，这意味着我比其他同学多出两倍甚至三倍的课程量，而我只能利用周末时间到图书馆恶补。因为经常两个专业的课程冲突，大部分数学专业课只能靠自学，所以能听到老师讲授知识的每一堂课都弥足珍贵。

(2) 吴同学的培养策略

数学老师的特别“关照”使吴同学喜欢学数学、做数学和教数学。中学阶段喜欢挑战数学难题、乐于帮助同学答疑解惑，形成了他较强的数学责任感、数学执着感和数学严谨感。从他的自我评价和问卷调查结果可见，他的数学道德感（数学原则感5.00、数学责任感5.33、数学合作感5.00）和数学理智情感（数学探奇感5.00、数学自强感5.33、数学执着感5.00、数学严谨感5.33、数学逻辑感5.25）相对较好，而他的数学审美感（数学统一美感3.50、数学对称美感3.75、数学奇异美感4.00）相对较弱。究其原因，是因为先前吴同学主要关注如何解题，享受解题后的数学自强感，较少关注隐藏于数学表面的美，所以在数学审美情感方面相对较弱。虽然吴同学高中阶段的数学成绩在班上名列前茅，但作为文科生的他，想转到数学理科专业学习，势必要比理科生付出更多的努力。由于主辅修两个专业的课程冲突，大部分数学专业课吴同学都得靠自学。虽然他对数学很有兴趣，但高中有些理科同学必须掌握的数学知识他没有学过，使得他在学习“数学分析”和“高等代数”两门课时感到十分吃力。好在从小崇拜数学老师、知道数学学习益处、对数学充满兴趣的积极影响因素，在艰辛的转专业道路中给予了他前进的力量。但有时半天看不懂一个定义或定理，也会让他觉得十分受挫，甚至会有打退堂鼓的念头。由此，对吴同学的数学情感素养培养策略如下：

首先，坚定吴同学转专业的信念。笔者告诉吴同学，“天将降大任于是人也，必先苦其心志，劳其筋骨”，历史上很多伟人都是靠着不屈不挠的精神，在荆棘丛生中一步步挣扎出来的。例如，司马迁忍受宫刑之痛完成《史记》；越王勾践被俘，卧薪尝胆三年，最后大破吴国；数学家李时珍经过二十几年奋斗，写成《本草纲目》；陈景润经过几麻袋稿纸演算，终于初步论证了“哥德巴赫猜想”；海伦·凯勒以自强不息的顽强精神，谱写了传奇的一生；诺贝尔历时四年、进行四百次试验才发明炸药；爱迪生经过近2000次实验才发明灯泡；失聪的贝多芬用手指扣响《命运》这首辉煌乐章……古之成大事者，都是靠着脚踏实地、刻苦努力战胜艰难困苦的。奥斯特洛夫斯基曾说过：“人的生命，似洪水在奔流，不遇着岛屿、暗礁，难以激起美丽的浪花。”不经历风雨，怎能见彩虹。“临渊羡鱼，不如退而结网。”唉声叹气、幻想憧憬不是解决困境的办法，只有正视逆境，有信心、恒心、勇气、毅力、脚踏实地地干，才能峰回路转，柳暗花明。笔者肯定了吴同学初高中阶段优异的数学成绩，告诉他“数学分析”和“高等代数”其实没有想象的那么难，只要多花时间和精力，读书百遍，其义自见。笔者负责帮他找位数学专业成绩优秀的学生，与他结对，为他解决数学学习过程中的疑惑。吴同学表示，他知道在转专业的道路上，克服完一个困难，后面还有更大的困难等着自己，有时觉得快撑不住了，但现在觉得咬咬牙总会结束的，毕竟方法总比困难多。所以，不管遇到多大困难，他都会迈着坚定的脚步走下去，他坚信坚持到底，就能胜利。

其次，进行数学审美情感的教育。中学阶段纯粹为解题而学数学让吴同学较少关注数学的美，也体会不到数学审美情感对数学学习的促进作用。鉴于此，笔者与吴同学分享了古今中外著名数学家们对数学美的亲身感受。例如，毕达哥拉斯极度赞赏球体和圆的对称美、整数的和谐统一美，提出“万物皆数”。普洛克拉斯断言：“哪里有数，哪里就有美。”哈代认为，不美的数学在世界上是找不到永久容身之地的。罗素认为，数学的美如雕塑的美，是一种冷而严肃的美。维纳认为，数学实质上是艺术的一种。华罗庚说过：“认为数学枯燥乏味的人，只是看到了数学的严谨性，而没有体会出数学的内在美。”徐利治曾这样描述：“数学园地处处开放着美丽花朵，它是一片灿烂夺目的花果园，这片花果园正是按照美的追求开拓出来的。”数学形式符号、公式、曲线、曲面、理论、方法、证明等，无处不体现出它的美。数学概念、方法、规律、数学理论中的运算、函数、变换、黄金比例、均值不等式等无不体现出数学的统一美。数学对象的守恒性、系统性、不变性、对偶性、周期性、等价性等均体现出数学的对称美。数学的突变、反常、无限、奇巧、神秘等体现了它的奇异美。当我们带着数学审美情感学习数学时，就会发现：正如毕达哥拉斯派认为的那样，圆形是最美的平面图形，球形是最美的空间图形；黄金分割比如达·芬奇所说，其“美感完全建立在各部分之间神圣的比例关系上”；欧拉公式确实是“最美的数学定理”……在数学美的熏陶下，获取数学知识，探寻数学规律，发现与解决数学问题，数学学习变得生动有趣，学习效率也得到提高。通过这些数学情感素养教育，吴同学表示，要学着用欣赏的眼光来发现数学的美，用数学美的眼光来看待学习，这样数学符号就不再那么枯燥乏味，数学公式不再那么晦涩难懂，数学定理也不再那么深不可测……

最后，对吴同学进行行为指导，同他一起制订学习计划，并获得老师和同学的支持。数学知识就如链条一样，环环紧扣，如果当中有哪个环节脱漏，就会造成知识割裂，影响后续学习。由于吴同学高中是文科生，有些理科生的数学必修课他没有修读，这给他的数学专业课学习造成极大困难。为了让尽快帮助吴同学走出数学学习困境，笔者同他一起制订了补修与大学数学专业课相关的数学知识计划，先把缺漏的数学知识补起来，为数学专业课学习铺平道路。笔者还负责帮他找一位学习成绩好的学生结对帮扶他，为他补缺补漏、答疑解惑、辅导作业等。此外，笔者还获得了任课老师的支持。面对如此勤奋好学的学生，两位数学专业任课教师在课堂上格外关注他接受知识的状况，课后为他解决疑难问题，并适时鼓励他。在老师和同学的帮助下，吴同学的数学学习有了很大起色，从最开始什么都不会、心里没底，到花了很多工夫、终于弄明白困扰许久的第一个概念，接着是第二个、第三个……

经过一学期的指导，吴同学将那些原本陌生的概念、符号、性质、定理等数学知识逐一弄懂并熟记于心，他攻克一个又一个数学学习障碍，在数学学习上变得越来越游刃有余。期末考试后，吴同学的数学专业课成绩在转专业同学中名列前茅，已经确定转为数学师范专业学生了。他非常高兴，并说由于有这一段经历，不管以后遇到什么事，他都会勇敢面对。

4. 个体培养策略四

(1) 谢同学的访谈记录

谢同学对数学有着本能的热爱，让笔者不自觉地想走近她。于是，就有了我们的深入交谈。访谈记录如下：

笔者：你为什么选择读数学师范专业？

谢同学：由于家族中有很多人都在从事教育方面的工作，从小生活在学校里的我，接触的人大部分是教师和学生，耳濡目染中让我对教育这个行业有了一定的感悟和向往，选择师范专业也符合自己的意愿和长辈的规划。数学是一门神秘高尚的学科，它给予的数学精神和数学思维等方面的价值是无法估摸的，选择数学专业会让我在高等数学中继续探索和体会数学带给我的魅力，以及潜移默化的有利影响。

笔者：请对照师范生数学情感素养各维度操作性定义及条目表(表5.2)，评价自己哪些数学情感素养较强，哪些数学情感素养较弱。

谢同学：我觉得自己的数学合作感、数学自强感较弱；数学探奇感、数学逻辑感较强。

笔者：你认为影响自己数学情感素养的主要因素有哪些？

谢同学：从个人因素来说，个人学习的动机和兴趣是主要的，若动机不明、兴趣不高，数学的学习也只是机械式记忆。当然，个人的主观意识和一些外界因素也会影响数学道德情感、审美情感的形成。

笔者：你需要学院或老师提供哪些提升自我数学情感素养的有效帮助？

谢同学：希望学院在学习氛围的营造和师范生培养方式上多下功夫。老师在课堂教学过程中可以融入更多数学精神层面的东西，不仅限于枯燥地传授知识和公式定理的了解运用，可多让学生在自主发现、尝试、推理和实践证明中寻找成就感、逻辑感和合作感，并在这个探究过程中加以引导，鼓励学生促进数学责任感、数学探奇感的培养。

笔者：通过数学学习，对你个人素养塑造有哪些帮助？

谢同学：数学学习对我个人的影响还是很大的，比如，热爱生活、有社会责任感，更乐于发现身边有趣事物和更热衷于挖掘新事物，在处理事情时严谨科学、有条不紊，与他人合作交流时沟通顺畅，默契配合。

笔者：请谈谈你的数学情感素养小故事（如学校或家庭教育中关于数学的小故事，谈谈它对你现在的数学情感素养的形成有何影响）。

谢同学：初中参加数学竞赛训练，有时候一节课我们只研究一个题目，甚至可能一个题目都没有解答出来。在平常人眼里，用一节课去解决一道题目简直是浪费时间，但我认为在问题解决的过程，同学们交流自己的意见，不断地从不同角度入手，会碰壁、会失败，可是这个过程中的收获是无可比拟的。数学老师愿意给我们足够的时间和耐心，而不是直接给我们现成的答案，他与我们一同探讨，让我们在交流中自己动手解决。这样的训练方式，在数学道德情感培养上是很有成效的，使我们在失败中继续前行、坚持不懈；让我们在从不同角度着手考虑问题时，也回顾了自己大脑储存的知识点，一举多得；还使我们在后期更高层次的数学学习中会更无惧难题和复杂题。

(2) 谢同学的培养策略

谢同学的父亲是一位中学数学名师，她从小生活在学校，父母给予她宽松、民主、独立的成长环境。受家族成员的熏陶，她怀揣着对教育感悟与向往选择数学师范专业。这个选择不仅符合自己的意愿，也契合长辈们的期望。这是一位既有自己主见、又能虚心接受长辈建议的女生，从她的自我评价和问卷调查结果可见，她的数学合作感(4.00)、数学自强感(4.00)、数学奇异美感(4.00)较弱，数学探奇感(5.00)、数学逻辑感(5.50)较强。由此，对谢同学的数学情感素养培养策略如下：

首先，增强合作意识与能力，提升数学合作感。由于谢同学的数学合作感较弱，笔者对她进行了数学合作意识教育。例如，笔者与她分享了关于合作的名言，如“人心齐，泰山移”“单丝不成线，独木不成林”“二人同心，其利断金”等，分享了蚂蚁抱团冲向火海绝处逢生、“共命鸟”、大雁合作飞行等故事，并告诉她每个人都有自己的优缺点，学会与他人通力合作，扬长避短，才能实现双赢。为培养谢同学的数学合作感，笔者组建了优势互补、优化组合、相互促进的合作学习小组，引导学生在合作学习中要分工明确、职责分明；笔者还设计了一些需要小组合作才能完成的数学问题情境，如探究新知课堂、解答一题多解的开放性数学题、较难的数学竞赛题等。通过这些合作学习锻炼，谢同学受益匪浅，并表示自己的数学合作感得到很大提升。

其次，进行数学自强感教育。笔者先和谢同学聊起她的父亲。谢同学谈道："父亲经常在繁忙的教学工作之余刻苦钻研数学教材，先是自己仔细揣摩、理解透彻，遇到不明白的地方会反复琢磨，通过与其他教师探讨、虚心向有经验的教师请教等方式达到'问个究竟'，努力做到'用教材教'；当讲课得心应手后，父亲在教学过程中，通过观察了解学生的知识建构、理解与接受能力、作业完成和考试成绩等具体学情，灵活调整自己的教学设计，努力做到因材施教；父亲还通过课题研究，发现教学中的问题，联系教学实际，大胆进行数学教改实验，寻找解决问题的良策，在不断改进和创新中总结经验、进行反思；在课题研究和教学实践中，收集生动活泼的一手素材，将有通适性的教学经验或建议撰写成教学论文，发表在报纸杂志上，或在研讨会上进行交流，供他人借鉴的同时，也让自己变得成熟和强大起来……父亲正是在踏实进取、求真务实、尽职尽责中，完成了自己从没有经验的年轻教师到经验丰富、科研硕果累累的教学名师的美丽蜕变。"谢同学从小就很崇拜父亲，总憧憬着长大能成为父亲那样自强、优秀的人。笔者表达了对谢同学父亲的敬佩之情，适时同她分享了阿基米德"只要给我一个支点，我可以移动地球"的豪言壮志，塔塔利亚自强自立、在数学竞赛中完胜菲奥尔、成为杰出数学家的故事，郭守敬勤奋好学、刻苦钻研、名垂千古的故事……以此激励她在数学学习上坚信通过努力一定能让自己变得强大起来。谢同学表示在父亲的耳濡目染下，她坚信努力学习能让自己变得更加优秀，她会像父亲和其他从事教育工作的家人一样努力钻研，树立良好的数学自强感。

最后，进行数学奇异美感教育。谢同学从小受家族成员的熏陶，怀揣着美好梦想选择数学师范专业。由于其父亲是一名中学数学名师，她对数学有一种自然的亲近感。在对其进行数学合作感和数学自强感教育后，谢同学的数学情感有了新的变化，她也意识到自己的数学奇异美感还有待提升。弗兰西斯·培根说："没有一个极美的东西不是在匀称中有着某种奇异。"数学的工整对称、高度统一美，令人惊奇，给人一种奇异美感。法国托姆运用奇点理论、拓扑学等数学工具创立的突变论，就是数学奇异美的突变性体现；1856 年，德国魏尔斯特拉斯提出的"一个处处连续又处处不可导的函数"就是数学奇异美的反常性体现；希尔伯特在题为《论无限》的著名演讲中，深有感触地阐述了数学奇异美的无限性；欧拉公式、蒲丰投针的求 p 值都是数学奇异美中奇巧性的表现；等等。

笔者还推荐谢同学阅读有关数学美感方面的书籍，以此提升自己的数学奇异美感。

经过一学期的多次指导，谢同学从数学学习中找到了合作的快乐，在不断学习中使自己变得强大起来，同时也提升了自己的数学审美情感。

7.4 结果与分析

师范生数学情感素养个体培养实验对象前后测得分情况，如表7.1所示。

表7.1 四位实验个体数学情感素养前后测得分比较

类别	林同学		李同学		吴同学		谢同学	
	前测	后测	前测	后测	前测	后测	前测	后测
数学原则感	4.00	5.50	4.50	5.00	5.00	5.00	5.00	5.00
数学责任感	3.33	5.00	4.50	5.00	5.33	5.50	4.50	5.00
数学合作感	4.50	5.00	4.50	4.50	5.00	5.00	4.00	5.00
数学探奇感	5.00	5.00	4.50	5.50	5.00	5.00	5.00	5.50
数学自强感	4.50	5.00	3.33	5.00	5.33	5.33	4.00	5.50
数学执着感	4.50	5.00	4.00	5.00	5.00	5.50	5.00	5.00
数学严谨感	4.00	4.50	5.00	5.50	5.33	5.33	5.00	5.00
数学逻辑感	4.50	5.00	5.00	5.50	5.25	5.25	5.50	5.50
数学统一美感	4.50	4.50	4.50	4.50	3.50	5.00	4.50	5.00
数学对称美感	4.50	4.50	4.50	4.50	3.75	5.00	4.75	5.00
数学奇异美感	4.50	4.50	4.50	4.50	4.00	5.00	4.00	5.00

（1）从数学情感素养问卷的前后测情况对比可见，经过数学情感素养培育，林同学的数学原则感（4.00→5.50）和数学责任感（3.33→5.00）得到了很大的提升，数学合作感（4.50→5.00）、数学自强感（4.50→5.00）、数学执着感（4.50→5.00）、数学严谨感（4.00→4.50）和数学逻辑感（4.50→5.00）也相应得到提升。

（2）从数学情感素养问卷的前后测情况对比可见，经过数学情感素养培育，李同学的数学自强感（3.33→5.00）和数学执着感（4.00→5.00）得到了很大的提升，数学原则感(4.50→5.00)、数学责任感(4.50→5.00)、数学探奇感(4.50→5.50)、数学严谨感(5.00→5.50)和数学逻辑感(5.00→5.50)也相应得到提升。

(3) 从数学情感素养问卷的前后测情况对比可见，经过数学情感素养培育，吴同学的数学审美情感有了很大提升，数学统一美感(3.50→5.00)、数学对称美感(3.75→5.00)、数学奇异美感(4.00→5.00)得到了很大的提升，数学责任感(5.33→5.50)、数学执着感(5.00→5.50)也相应得到提升。

(4) 从数学情感素养问卷的前后测情况对比可见，经过数学情感素养培育，谢同学的数学合作感(4.00→5.00)、数学自强感(4.00→5.50)、数学奇异美感(4.00→5.00)都有了很大提升，数学探奇感(5.00→5.50)、数学统一美感(4.50→5.00)、数学对称美感(4.75→5.00)也相应得到提升。

◆ 本章小结

师范生数学情感素养个体培养实验研究表明：个案研究深入了解不同数学情感素养问题类型的师范生，实施因材施教、关注数学情感素养类型差异、发挥优势潜能的个性化数学情感素养培养策略，达到了良好的培育效果，也是班级授课培育方式的有益补充。

针对四种数学情感素养问题类型，个案研究验证了以下数学情感素养个体培养策略的有效性：

一是面谈交流的自尊心教育方式，加强数学责任感培育，加强与家长、老师、同学的沟通与配合是提升“数学原则感和数学责任感较弱”类型师范生的有效个体培养策略。

二是专业认同度指导、树立数学自强感、提升数学自强感的行为指导是提升“数学自强感和数学执着感偏弱”类型师范生的有效个体培养策略。

三是树立坚定信念、数学审美情感教育、一起制订学习计划等行为指导是提升“数学审美感相对较弱”类型师范生的有效个体培养策略。

四是增强合作意识与能力、提升数学合作感、数学自强感教育是提升“数学合作感、数学自强感、数学奇异美感相对较弱”类型师范生的有效个体培养策略。

第 8 章　研究结论、不足与展望

8.1　研究结论

本书的研究结论如下：

(1) 师范生数学情感素养是高师院校数学专业学生在数学学习活动中形成的、相对稳定的、与师范生培养相适应的积极性心理特征，其外延划为数学道德情感、数学理智情感、数学审美情感 3 个维度。数学道德情感是指高师数学专业学生在数学学习活动中用道德原则去感知各种数学现实所体验到的情感心理特征。数学理智情感是指高师数学专业学生在获得数学知识并把数学知识应用于实际的过程中所产生的情感心理特征。数学审美情感是指高师数学专业学生根据美学概念去感知数学知识及数学认知活动而产生的情感心理特征。

(2) 构建了包括 3 个一级指标、11 个二级指标的师范生数学情感素养的指标体系，并对各个指标进行了具体的解释说明，并采用基于优势关系的多属性群决策方法对师范生数学情感素养指标权重进行确定。其中，3 个一级指标为数学道德情感、数学理智情感、数学审美情感；11 个二级指标为数学原则感、数学责任感、数学合作感、数学探奇感、数学自强感、数学执着感、数学严谨感、数学逻辑感、数学统一美感、数学对称美感、数学奇异美感。

(3) 编制了由 11 个因素 28 个条目构成的师范生数学情感素养调查问卷，将其作为师范生数学情感素养的测量工具。通过对福建省 7 所高校数学师范专业大一学生进行问卷调查，结果发现，师范生数学情感素养整体得分不是很理想，其中数学严谨感、数学逻辑感的得分相对较高，数学原则感、数学责任感、数学对称美感、数学奇异美感的得分相对较低。

(4) 通过实验前测与后测数据比较发现,师范生数学情感素养的群体培养策略实施效果良好。“我的数学情感”主题班会、小组访谈或一对一访谈、“数学素养”专题讲座、师范生眼中的数学家与数学情感研讨、“数学文化”授课、师范生数学情感素养是什么及塑造途径的学生座谈会、师范生与院长沟通的师生座谈会等是提升师范生数学情感素养的有效群体培养策略。

(5) 针对四种数学情感素养问题类型,运用个案研究法,总结出有效的数学情感素养个体培养策略如下:面谈交流的自尊心教育方式,加强数学责任感培育,加强与家长、老师、同学的沟通与配合等方式是提升“数学原则感和数学责任感较弱”类型师范生的有效个体培养策略;专业认同度指导、树立数学自强感、提升数学自强感等行为指导是提升“数学自强感和数学执着感偏弱”类型师范生的有效个体培养策略;树立坚定信念、数学审美情感教育、一起制订学习计划等行为指导是提升“数学审美感相对较弱”类型师范生的有效个体培养策略;增强合作意识与能力、提升数学合作感、数学自强感教育等方法是提升“数学合作感、数学自强感、数学奇异美感相对较弱”类型师范生的有效个体培养策略。

8.2　研究不足与展望

1. 研究不足

(1) 调查样本选取范围的局限。囿于研究能力、时间、经济等条件限制,笔者在师范生数学情感素养调查对象的选取上,仅限于福建省7所高校数学师范专业大一学生,在一定程度上影响了调查结果的通用性。

(2) 干预实验周期有限。与为期四年的师范教育“育人周期”相比,笔者设计并实施的为期16周干预实验,时间较短,没有完全呈现大学四年“立德树人”的最终效果。

(3) 研究视野仅限于“人”的培育,没有论及与之关联的课程体系、人才培养方案等。

2. 研究展望

(1) 扩大样本量和选取范围。如果条件允许,将在后续研究中扩大样本量和选取范围,对全国其他省市数学师范生的数学情感素养进行调查研究,并对不同师范生群体的数学情感素养进行比较研究，还可以对师范生的某种数学情感素养进行纵向深入。

(2) 延长干预时间与优化内容设计。例如，通过为期四年的数学情感干预实验，探索师范生数学情感素养从大一到大四的动态变化过程，从中获取师范生数学情感素养的长效提升手段；或者继续对毕业后从事数学教育工作的师范生进行3～5年跟踪，特别对卓师班学生进行重点跟踪，了解数学情感素养对他们入职后工作、学习、生活的影响，获取大量真实生动的素材与数据，为在职教师数学情感素养提升的培训工作提供一定方向。

(3) 总结研究成果，拓展研究视野。将“人”的培养视角拓展至与之相关联的课程体系、人才培养方案等研究，使研究成果在数学师范专业人才培养中得以落实。

附录　本书研究涉及的问卷和访谈提纲

附录 1　师范生数学情感素养词条收集问卷——学生问卷

亲爱的同学：

您好！我正在进行一项关于"师范生数学情感素养"的研究，相关词条的搜集对于认识和理解高师数学专业学生具备的数学情感素养、提升专业素质，具有十分重要的意义，希望您对问卷选项进行解答。本问卷采取无记名方式，您的答案仅作研究之用，绝对不向其他人公开，请您按照真实想法填写。由衷感谢您百忙之中给予的帮助！

一、基本信息

1. 性别

A. 男　　　B. 女

2. 您是否为数学师范专业学生

A. 是　　　B. 否

3. 您当前所在年级

A. 大一　　　B. 大二　　　C. 大三　　　D. 大四

二、问卷

请回答下面问题：

1. 您认为高师数学专业学生在数学情感方面具有什么样的特点，请用一些体现数学情感素养特征的词条来表示，例如，宽容、严谨、合作……请尽可能多地举例。

序号	数学情感词语	序号	数学情感词语	序号	数学情感词语
1		9		17	
2		10		18	
3		11		19	
4		12		20	
5		13		21	
6		14		22	
7		15		23	
8		16		24	

2. 请您根据所列举词语，选择其中5个，并分别用一句话写出具体表现。

词	语	数学情感具体表现
例	合作	遇到自己无法独立完成的数学任务时，愿意与他人共同完成
1		
2		
3		
4		
5		

附录2　师范生数学情感素养词条收集问卷——教师问卷

尊敬的老师：

您好！我正在进行一项关于“师范生数学情感素养”的研究，相关词条的搜集对于认识和理解高师数学专业学生具备的数学情感素养、提升专业素质，具有十分重要的意义，希望您对问卷进行解答。本问卷采取无记名方式，您的答案仅作研究之用，绝对不向其他人公开，请您按照真实想法填写。由衷感谢您百忙之中给予的帮助！

一、基本信息

1. 性别

A. 男　　B. 女

2. 年龄

A. 30 岁以下　　B. 30～40 岁　　C. 41～50 岁　　D. 50 岁以上

3. 工作年限

A. 5 年以下　　B. 5～10 年　　C. 11～20 年　　D. 20 年以上

4. 职务

A. 专任教师　　B. 辅导员

5. 职称

A. 助教　　B. 讲师　　C. 副教授　　D. 教授

6. 您的学历

A. 专科　　B. 本科　　C. 硕士研究生　　D. 博士研究生及以上

7. 您所学专业类别

A. 理学　　B. 教育学　　C. 其他

二、问卷

请回答下面问题：

1. 您认为高师数学专业学生在数学情感方面具有什么样的特点，请用一些体现数学情感素养特征的词条来表示，例如，宽容、严谨、合作……请尽可能多地举例。

序号	数学情感词语	序号	数学情感词语	序号	数学情感词语
1		9		17	
2		10		18	
3		11		19	
4		12		20	
5		13		21	
6		14		22	
7		15		23	
8		16		24	

2. 请您根据所列举的词语，选择其中 5 个，并分别用一句话写出具体表现（参考位于表首的例子）。

词	语	数学情感具体表现
例	合作	遇到自己无法独立完成的数学任务时,愿意与他人共同完成
1		
2		
3		
4		
5		

附录 3　师范生数学情感素养研究教师访谈提纲

尊敬的老师:

您好!我正在做关于"师范生数学情感素养"的研究。您的解答对于认识和理解数学专业学生应具备的数学情感素养、提升其专业素质和获取专业资格认证,具有十分重要的意义。我承诺对您的所有回答给予严格保密,且本访谈结果仅用于学术研究,请您放心回答,期望得到您的真实想法和建议。

感谢您对我研究工作的大力支持!

访谈问题:

1. 请谈谈您的基本信息,包括学历、专业、职称、教龄等。
2. 您认为师范生数学情感素养的特征有哪些?
3. 您认为影响师范生数学情感素养形成的主要因素有哪些?
4. 您认为培育师范生数学情感素养行之有效的手段有哪些?
5. 您在师范生数学情感素养培育过程中有印象深刻的案例吗?如果有,请详细谈谈您的感悟。

备注与补充:

____

____

____

访谈时间:______________ 访谈地点:______________

附录4　师范生数学情感素养指标体系第一轮专家咨询问卷

尊敬的老师：

您好！

我正在做关于“师范生数学情感素养”的研究。师范生数学情感素养指标体系设计既是本次理论研究的核心内容，又是实证研究的重要基础。本人初步设计了师范生数学情感素养指标体系，恳请您给予批评指正！

根据“概念=种差+邻近属概念+外延”的逻辑定义方法，将师范生数学情感素养界定为高师数学专业学生在数学学习活动中形成的、相对稳定的、与师范生培养相适应的积极性心理特征。

指标体系设计是情感素养研究的一个重点与难点，目前尚未形成一个学术界公认的标准。通过对国内外学术界有重要影响的相关研究成果分析，发现卢家楣教授(原上海师范大学教育学院院长，现上海师范大学心理研究所所长，长期从事心理学教研，聚焦教育心理学，开拓了情感教学心理学领域，提出“以情优教”思想，创立了一整套情感教学理论和操作策略，享誉全国)对情感素质的划分方法在国内学术界产生了广泛影响，并成为许多情感教育研究的理论基础。卢家楣将情感素质划分为情感操作和情感本体两大层次，其中情感操作层次即为情感能力，情感本位层次则包括道德情感、生活情感、理智情感、人际情感、审美情感。此外，周家骥等吸收布卢姆情感目标分类思想，将情感分为道德感、理智感和美感；范先友将数学学习情感划分为道德感、理智感、美感；孔凡哲将数学情感划分为数学道德感、数学实践感、数学理智感、数学美感。参照这些划分方法，再结合道德感、理智感和美感是人类高级情感的理论基础，将师范生数学情感素养分成3个维度，即数学道德情感、数学理智情感、数学审美情感。

上述3个维度(道德情感、理智情感、审美情感)的划分，不仅囊括了人类高级情感的内容，符合工具书对“素养”定义的阐释，也是卢家楣、周家骥、范先友、孔凡哲等专家学者关于情感素质或数学情感的划分方式。因此，基于师范生数学情感素养概念划分的三个外延，拟定本研究的一级指标为数学道德情感、数学理智情感、数学审美情感。相应的二级指标体系的构建，先是通过文献资料和访谈法收集四个种概念，即“在数学学习活动中形成的”“相对稳定的”“成为合格中小学数学教师必备的”“积极性”相关词条的交集，再分别借鉴卢家楣情感素质框架下的指标、专家学者关于数学美的特征描述，初步拟定了师范生数学情感素养指标体系。

本研究目的在于充分获取各位专家的意见和建议，不断修正完善指标体系的内容，从而最终形成一个比较科学完整的师范生数学情感素养指标体系。

您的宝贵意见和建议对本研究至关重要，恳请您在百忙之中给予指导！再次向您的辛勤劳动表示衷心的感谢！

填写说明

请您根据各项指标重要程度的评价，分别赋予不同的分值，在选中的分值画“√”。如果您对指标有具体建议，请写在相应的横线上。

附表 4.1 师范生数学情感素养一级指标评价表

编号	指标名称	重要程度				
1	数学道德情感	9	7	5	3	1
2	数学理智情感	9	7	5	3	1
3	数学审美情感	9	7	5	3	1

说明：一级指标的划分主要参照卢家楣、周家骥、范先友、孔凡哲等专家学者关于情感素质或数学情感的划分方法，再结合道德感、理智感和美感是人类高级情感的理论基础而定。数学道德情感是指高师数学专业学生在数学学习活动中用道德原则去感知各种数学现实所体验到的情感心理特征；数学理智情感是指高师数学专业学生在获得数学知识并把数学知识应用于实际的过程中所产生的情感心理特征；数学审美情感是指高师数学专业学生根据美学概念去感知数学知识及数学认知活动而产生的情感心理特征。

如果您对一级指标有其他具体建议，请写在下面横线上。

____

____

____

____

附表 4.2　师范生数学道德情感二级指标评价表

编号	指标名称	重要程度				
1.1	数学原则感	9	7	5	3	1
1.2	数学责任感	9	7	5	3	1
1.3	数学宽容感	9	7	5	3	1
1.4	数学合作感	9	7	5	3	1
1.5	数学奉献感	9	7	5	3	1

附表 4.3　师范生数学理智情感二级指标评价表

编号	指标名称	重要程度				
2.1	数学乐学感	9	7	5	3	1
2.2	数学探究感	9	7	5	3	1
2.3	数学好奇感	9	7	5	3	1
2.4	数学成就感	9	7	5	3	1
2.5	数学自强感	9	7	5	3	1
2.6	数学自信感	9	7	5	3	1
2.7	数学执着感	9	7	5	3	1
2.8	数学严谨感	9	7	5	3	1
2.9	数学逻辑感	9	7	5	3	1

附表 4.4　师范生数学审美情感二级指标评价表

编号	指标名称	重要程度				
3.1	数学统一美感	9	7	5	3	1
3.2	数学对称美感	9	7	5	3	1
3.3	数学简洁美感	9	7	5	3	1
3.4	数学突变美感	9	7	5	3	1
3.5	数学反常美感	9	7	5	3	1
3.6	数学无限美感	9	7	5	3	1
3.7	数学奇异美感	9	7	5	3	1
3.8	数学神秘美感	9	7	5	3	1

说明：二级指标的划分，先是通过文献资料和访谈法收集四个种概念，即“在数学学习活动中形成的”“相对稳定的”“成为合格中小学数学教师必备的”“积极性”相关词条的交集，再分别借鉴卢家楣情感素质框架下的指标等特征而定。

如果您对二级指标有其他具体建议，请写在下面横线上。

____

____

____

附录5　师范生数学情感素养指标体系第二轮专家咨询问卷

尊敬的老师：

您好！

感谢您上次对本人初步设计的“师范生数学情感素养指标体系”所提出的宝贵意见与建议！根据第一轮专家咨询问卷的统计结果，我们按照一级指标不小于6分、二级指标不小于7分的标准，保留了原指标体系中的部分指标；再结合专家的意见增加或删减一些指标，并对少数原指标进行了修改，形成了新的“师范生数学情感素养指标体系”，敬请您再次对各指标的重要性进行评价！

您的宝贵意见与建议对本研究至关重要，恳请您在百忙之中再次指导！再次向您的辛勤劳动表示衷心感谢！

填写说明

请您根据各项指标重要程度的评价，分别赋予不同的分值，在选中的分值上画“√”。如果您对指标有具体建议，请写在相应的横线上。

附表5.1　师范生数学情感素养一级指标评价表

编号	指标名称	重要程度				
1	数学道德情感	9	7	5	3	1
2	数学理智情感	9	7	5	3	1
3	数学审美情感	9	7	5	3	1

如果您对一级指标有什么具体建议，请写在下面横线上。

____

____

____

附表 5.2　师范生数学道德情感二级指标评价表

编号	指标名称	重要程度				
1.1	数学原则感	9	7	5	3	1
1.2	数学责任感	9	7	5	3	1
1.3	数学合作感	9	7	5	3	1
1.4	数学奉献感	9	7	5	3	1

附表 5.3　师范生数学理智情感二级指标评价表

编号	指标名称	重要程度				
2.1	数学乐学感	9	7	5	3	1
2.2	数学探奇感	9	7	5	3	1
2.3	数学成就感	9	7	5	3	1
2.4	数学自强感	9	7	5	3	1
2.5	数学自信感	9	7	5	3	1
2.6	数学执着感	9	7	5	3	1
2.7	数学严谨感	9	7	5	3	1
2.8	数学逻辑感	9	7	5	3	1

附表 5.4　师范生数学审美情感二级指标评价表

编号	指标名称	重要程度				
3.1	数学统一美感	9	7	5	3	1
3.2	数学对称美感	9	7	5	3	1
3.3	数学简单美感	9	7	5	3	1
3.4	数学奇异美感	9	7	5	3	1

如果您对二级指标有什么具体建议，请写在下面横线上。

____

____

____

附录 6 师范生数学情感素养样例征集学生问卷

尊敬的同学：

您好！下表列出了高师数学专业学生一些数学情感及其描述定义，请您参考所给的例子，写出能反映数学师范生相应数学情感的表现样例，每个至少写一条。

数学合作感：在数学学习中形成的愿意与他人共同合作的情感。 表现样例(仅供参考)：数学学习攻坚克难中，与人合作、共同探讨培养了我合作解决问题的习惯。
数学原则感：在数学学习中形成的做事坚持原则的情感。 表现样例：
数学责任感：在数学学习中形成的对自己分内的事勇于承担、努力完成的情感。 表现样例：
数学探奇感：在数学学习中形成的对新事物充满好奇、并乐于对其进行探究的情感。 表现样例：
数学自强感：在数学学习中形成的克服困难、积极进取、求得自我发展的情感。 表现样例：
数学执着感：在数学学习中形成的坚持不懈的情感。 表现样例：
数学严谨感：在数学学习中形成的严肃谨慎、细致周全、追求完美的情感 表现样例：
数学逻辑感：在数学学习中形成的分析、抽象、归纳、演绎等逻辑情感。 表现样例：
数学统一美感：在数学学习中形成的感知简洁、统一美的情感。 表现样例：
数学对称美感：在数学学习中形成的感知均衡、匀称、周期性美的情感。 表现样例：
数学奇异美感：在数学学习中形成的感知突变、反常、无限、奇巧、神秘美的情感。 表现样例：

附录 7　师范生数学情感素养问卷题目初稿

题目 1　数学原则感:在数学学习中形成的做事坚持原则的情感	
数学学习养成了我做事循途守辙的习惯	
题目 2　数学责任感:在数学学习中形成的对自己分内的事勇于承担、努力完成的情感	
(1) 数学学习中的细枝末节处理,增强了自我责任感 (2) 数学学习中的合作活动,培养了我的集体责任感 (3) 数学学习中问题情境的创设,塑造了我的社会责任感	
题目 3　数学合作感:在数学学习中形成的愿意与他人共同合作的情感	
数学学习攻坚克难中,与人合作、共同探讨培养了我合作解决问题的习惯	
题目 4　数学探奇感:在数学学习中形成的对新事物充满好奇,并乐于对其进行探究的情感	
(1) 数学学习使我乐于接受新事物 (2) 数学学习激发了我对新事物的求知欲	
题目 5　数学自强感:在数学学习中形成的克服困难、积极进取、求得自我发展的情感	
(1) 数学学习使我学会克服困难 (2) 数学学习培养了我的积极向上、锐意进取 (3) 数学学习促使我努力求得自我发展	
题目 6　数学执着感:在数学学习中形成的坚持不懈的情感	
数学学习培养了我的坚持不懈	
题目 7　数学严谨感:在数学学习中形成的严肃谨慎、细致周全、追求完美的情感	
(1) 数学学习培养了我的严肃谨慎 (2) 数学学习培养了我的细致周全 (3) 数学学习培养了我的追求完美	
题目 8　数学逻辑感:在数学学习中形成的分析、抽象、归纳、演绎等逻辑情感	
(1) 数学学习使我学会了分析问题 (2) 数学学习使我学会了抽象概括 (3) 数学学习使我学会了归纳总结 (4) 数学学习使我学会了演绎推理	
题目 9　数学统一美感:在数学学习中形成的感知简洁、统一美的情感	

续表

（1）黄金比例、均值不等式等数学学习使我学会欣赏简洁美
（2）数学理论、公式、法则等数学学习使我学会欣赏统一美
题目 10　数学对称美感：在数学学习中形成的感知均衡、匀称、周期性美的情感
（1）圆和球等数学学习使我学会欣赏均衡美
（2）对数螺线等数学学习使我学会欣赏匀称美
（3）三角函数等数学学习使我学会欣赏周期美
题目 11　数学奇异美感：在数学学习中形成的感知突变、反常、无限、奇巧、神秘美的情感
（1）连续曲线的中断等数学学习使我学会欣赏突变美
（2）处处连续又处处不可导函数等数学学习使我学会欣赏反常美
（3）集合论等数学学习使我学会欣赏无限美
（4）欧拉恒等式等数学学习使我学会欣赏奇巧美
（5）虚数等数学学习使我学会欣赏神秘美

附录 8　师范生数学情感素养初始问卷

亲爱的同学：

您好！非常感谢您接受本次问卷调查。本研究的主要目的是研究高师数学专业学生数学情感素养的情况，请您根据自己的实际情况予以填答即可。我们承诺对您的所有回答给予严格保密，且本研究结果仅用于学术研究，请您放心填答。

感谢您对我们研究工作的大力支持！

一、基本信息

性别：A. 男　　　　B. 女

二、师范生数学情感素养情况

将“师范生数学情感素养”界定为高师院校数学专业学生在数学学习活动中形成的、相对稳定的、与师范生培养相适应的积极性心理特征。

填写说明：通过数学学习，让您形成了哪些稳定的积极性情感？请您仔细阅读下面每一句子，然后根据您的实际情况对问卷条目进行综合评价，选择最符合您自身实际的选项数字。

编号	问 卷 条 目	完全不符合	基本不符合	有点不符合	有点符合	基本符合	完全符合
1	数学学习养成了我做事坚持原则的习惯	1	2	3	4	5	6
2	数学学习中的细枝末节处理，增强了自我责任感	1	2	3	4	5	6
3	数学学习中的合作活动，培养了我的集体责任感	1	2	3	4	5	6
4	数学学习中问题情境的创设，塑造了我的社会责任感	1	2	3	4	5	6
5	数学学习攻坚克难中，与人合作、共同探讨培养了我合作解决问题的习惯	1	2	3	4	5	6
6	数学学习使我乐于接受新事物	1	2	3	4	5	6
7	数学学习激发了我对新事物的求知欲	1	2	3	4	5	6
8	数学学习使我学会克服困难	1	2	3	4	5	6
9	数学学习培养了我的积极向上、锐意进取	1	2	3	4	5	6
10	数学学习促使我努力求得自我发展	1	2	3	4	5	6
11	数学学习培养了我的坚持不懈	1	2	3	4	5	6
12	数学学习培养了我的严肃谨慎	1	2	3	4	5	6
13	数学学习培养了我的细致周全	1	2	3	4	5	6
14	数学学习培养了我的追求完美	1	2	3	4	5	6
15	数学学习使我学会了分析问题	1	2	3	4	5	6
16	数学学习使我学会了抽象概括	1	2	3	4	5	6
17	数学学习使我学会了归纳总结	1	2	3	4	5	6
18	数学学习使我学会了演绎推理	1	2	3	4	5	6
19	黄金比例、均值不等式等数学学习使我学会欣赏简洁美	1	2	3	4	5	6
20	数学理论、公式、法则等数学学习使我学会欣赏统一美	1	2	3	4	5	6

续表

编号	问 卷 条 目	完全不符合	基本不符合	有点不符合	有点符合	基本符合	完全符合
21	圆和球等数学学习使我学会欣赏均衡美	1	2	3	4	5	6
22	对数螺线等数学学习使我学会欣赏匀称美	1	2	3	4	5	6
23	三角函数等数学学习使我学会欣赏周期美	1	2	3	4	5	6
24	连续曲线的中断等数学学习使我学会欣赏突变美	1	2	3	4	5	6
25	处处连续又处处不可导函数等数学学习使我学会欣赏反常美	1	2	3	4	5	6
26	集合论等数学学习使我学会欣赏无限美	1	2	3	4	5	6
27	欧拉恒等式等数学学习使我学会欣赏奇巧美	1	2	3	4	5	6
28	虚数等数学学习使我学会欣赏神秘美	1	2	3	4	5	6

附录 9　师范生数学情感素养正式问卷

亲爱的同学：

您好！非常感谢您接受本次问卷调查。本研究的主要目的是调查数学专业师范生数学情感素养的情况。请您根据自己的实际情况，在相应条目后面选择对应的数字。请逐题回答，不要遗漏。我们承诺对您的所有回答给予严格保密，且本研究结果仅用于学术研究，请您放心填答。感谢您对我们研究工作的大力支持！

编号	问 卷 条 目	完全不符合	基本不符合	有点不符合	有点符合	基本符合	完全符合
1	数学学习养成了我做事坚持原则的习惯	1	2	3	4	5	6
2	数学学习中的细枝末节处理，增强了自我责任感	1	2	3	4	5	6
3	数学学习中的合作活动，培养了我的集体责任感	1	2	3	4	5	6
4	数学学习中问题情境的创设，塑造了我的社会责任感	1	2	3	4	5	6
5	数学学习攻坚克难中，与人合作、共同探讨培养了我合作解决问题的习惯	1	2	3	4	5	6
6	数学学习使我乐于接受新事物	1	2	3	4	5	6
7	数学学习激发了我对新事物的求知欲	1	2	3	4	5	6
8	数学学习使我学会克服困难	1	2	3	4	5	6
9	数学学习培养了我的积极向上、锐意进取	1	2	3	4	5	6
10	数学学习促使我努力求得自我发展	1	2	3	4	5	6
11	数学学习培养了我的坚持不懈	1	2	3	4	5	6
12	数学学习培养了我的严肃谨慎	1	2	3	4	5	6
13	数学学习培养了我的细致周全	1	2	3	4	5	6
14	数学学习培养了我的追求完美	1	2	3	4	5	6
15	数学学习使我学会了分析问题	1	2	3	4	5	6
16	数学学习使我学会了抽象概括	1	2	3	4	5	6
17	数学学习使我学会了归纳总结	1	2	3	4	5	6
18	数学学习使我学会了演绎推理	1	2	3	4	5	6
19	黄金比例、均值不等式等数学学习使我学会欣赏简洁美	1	2	3	4	5	6
20	数学理论、公式、法则等数学学习使我学会欣赏统一美	1	2	3	4	5	6

续表

编号	问卷条目	完全不符合	基本不符合	有点不符合	有点符合	基本符合	完全符合
21	圆和球等数学学习使我学会欣赏均衡美	1	2	3	4	5	6
22	对数螺线等数学学习使我学会欣赏匀称美	1	2	3	4	5	6
23	三角函数等数学学习使我学会欣赏周期美	1	2	3	4	5	6
24	连续曲线的中断等数学学习使我学会欣赏突变美	1	2	3	4	5	6
25	处处连续又处处不可导函数等数学学习使我学会欣赏反常美	1	2	3	4	5	6
26	集合论等数学学习使我学会欣赏无限美	1	2	3	4	5	6
27	欧拉恒等式等数学学习使我学会欣赏奇巧美	1	2	3	4	5	6
28	虚数等数学学习使我学会欣赏神秘美	1	2	3	4	5	6

附录10 师范生数学情感素养个案研究中的学生访谈提纲

说明:访谈开始之前,请学生先填写自编的师范生数学情感素养问卷,并提供师范生数学情感素养各维度操作性定义及条目表给学生备用参考。

访谈提纲

1. 你为什么选择读数学师范专业?

2. 请对照师范生数学情感素养各维度操作性定义及其条目表,评价自己哪些数学情感素养较强,哪些数学情感素养较弱。

3. 你认为影响自己数学情感素养的主要因素有哪些?

4. 你需要学院或老师提供哪些提升自我数学情感素养的有效帮助?

5. 通过数学学习,对你个人素养塑造有哪些帮助?

6. 请谈谈你的数学情感素养小故事(如学校或家庭教育中关于数学的小故事,谈谈它对你现在的数学情感素养的形成有何影响)。

备注与补充

____

____

____

访谈时间:______________　访谈地点:______________

参考文献

[1] 燕国材.五谈非智力因素的几个问题[J].上海师范大学学报(哲学社会科学版),1993(3):121-125.

[2] Bloom B S A. Introduction to mastery learning theory[M]. New York:Holt,Rineh-Art & Winston,1976.

[3] Gable R K. Instrument development in the affective domain[M]. Boston:Martinus Nijhoff Publishers,1989.

[4] 卢家楣.对中学教学中教师运用情感因素的现状调查[J].心理发展与教育,2001(2):55-58,64.

[5] 余文森.从三维目标走向核心素养[J].华东师范大学学报(教育科学版),2016,34(1):11-13.

[6] 姜辉.数学教师的数学情感教学研究[D].上海:华东师范大学,2006.

[7] 卢家楣.情感教学心理学研究[J].心理科学,2012,35(3):522-529.

[8] 卢家楣,刘伟,贺雯,等.我国当代青少年情感素质现状调查[J].心理学报,2009,41(12):1152-1164.

[9] 林伟华,吴宇宁.数学情感研究综述[J].宁夏师范学院学报,2017,38(3):81-85.

[10] Nickson M. National council of teachers of mathematics[R]. Curriculumand evaluation standards for school mathematics,1989:181-200.

[11] Clarkson P, Bishop A, Seah W T. Mathematics education and student values: the cultivation of mathematical wellbeing[M]. New York:Springer Verlag,2010.

[12] McLeod D B. The role of affect in mathematical problem solving[C]//McLeod D B, Adams V M. Affect and mathematical problem solving: a new perspective. New York: Springer Verlag,1989:20-36.

[13] Hart L. Describing the affective domain: saying what we mean[C]// McLeod D B, Adams V M. Affect and mathematical problem solving: a new perspective. New York: Springer Verlag,1989:37-45.

[14] Hannula M S. Motivation in mathematics: goals reflected inemotions[J]. Educational Studies in Mathematics,2006(2):165-178.

[15] Shimizu Y. Characterizing exemplary mathematics instruction in Japanese classrooms from the learner's perspective[J]. ZDM,2009,41(3): 311-318.

[16] Aikins M S, Duell O K, Hutter R,et al. Epistemological beliefs,mathematical Problem solving beliefs, and academic performance of middle school students[J]. Elementary School Journal,2005,105(3):289-304.

[17] Suurtamm C. Assessment can support reasoning & sense making[J]. The Mathematics Teacher,2012,106:23-28.

[18] Cai J, Jakabcsin M S, Lane S. Assessing students' mathematical communication[J]. School Science & Mathematics,2015,96(5):238-246.

[19] Hendrickson K A. Learning from finland: formative fssessment [J]. Mathematics Teacher,2012,105(7):488-489.

[20] Ableitinger C. Diskrete biomathematische modelle im schulunterricht Chancen aus der Sicht der Mathematikdidaktik[J]. Journal für Mathematik-Didaktik,2009,30(1):80-81.

[21] 刘新求,张垚."数学情感"的内涵分析和合理定位[J].太原教育学院学报,2005(3):21-24.

[22] 蔡金法,徐斌艳.也论数学核心素养及其构建[J].全球教育展望,2016,45(11):3-12.

[23] Vahtivuori-Hänninen S, Halinen I, Niemi H, et al. A new finnish national core curriculum for basic education (2014) and technology as an integrated tool for learning [J]. Sense Publishers,2014:21-32.

[24] Fan L. Performance Assessment in Mathematics[M]. Englewood cliffs, NJ: Prentice Hall,2011.

[25] 徐斌艳,蔡金法.关于数学素养测评及其践行[J].全球教育展望,2017,46(9):13-24.

[26] 何小亚.学生"数学素养"指标的理论分析[J].数学教育学报,2015,24(1):13-20.

[27] 孔凡哲,朱秉林.数学情感及其规律[J].数学教育学报,1993(2):62-66.

[28] 波得罗夫斯基.普通心理学[M].北京:人民教育出版社,1981.

[29] 冯塔纳,王新超.教师心理学[M].北京:北京大学出版社,2000.

[30] 李捷,蓝航英,陈成斌.教育从"心"开始:深圳市竹园小学心理教育实践与研究[M].北京:中国和平出版社,2002.

[31] 黄翔.数学教育的价值[M].北京:高等教育出版社,2004.

[32] 刘海英.在数学教学中运用情感因素促进学生自主学习[D].北京:首都师范大学,2006.

[33] 张超.数学教学中实施情感教育的理论和实践研究[D].南京:南京师范大学,2007.

[34] 李卓娜.中学数学教育中的情感教育研究[D].烟台:鲁东大学,2014.

[35] 何小亚.中国学生"数学素养"指标的理论分析[C]//首届华人数学教育会议论文集.北京师范大学,2014:9.

[36] 卢家楣.情感教学模式的理论与实证研究[M].上海:上海人民出版社,2008.

[37] 中华人民共和国教育部.义务教育数学课程标准[S].北京:北京师范大学出版社,2011.
[38] 张研.初中数学情感教学的现状调查与思考:以延吉市为例[D].延吉:延边大学,2011.
[39] 郭艳芬.情感教学法在数学教学中的实践与探析[J].教育与职业,2013(23):151-152.
[40] 陆根书.大学生数学学习情感发展:测量工具设计与基本特征分析[J].教学研究,2011,34(1):1-6,10,91.
[41] 唐剑岚,蒋蜜蜜,肖宝莹.数学认识信念:影响数学学习过程的重要变量[J].课程·教材·教法,2014,34(6):61-66.
[42] 燕国材.应重视非智力因素的培养[J].教育艺术,1994(6):40-40.
[43] 李士锜.PME:数学教育心理[M].上海:华东师范大学出版社,2005.
[44] 袁慧."以情优教"在数学教学中的实施[D].武汉:华中师范大学,2005.
[45] 林涵.高中数学情感目标实施情况及影响因素分析[D].漳州:闽南师范大学,2015.
[46] Stiggins, Richard J. Student centered classroom assessment[J]. International Journal of Osteoarchaeology,1997,25:79-87.
[47] 任斌.中职数学课堂情感教学研究[D].石家庄:河北师范大学,2014.
[48] 齐伊静,王皓.教育中的情感理论与方法的研究综述[J].商业文化(学术版),2009(9):214.
[49] 史宁中.漫谈中小学数学教师的素养[J].小学教学(数学版),2009(1):6-9.
[50] 黄玲侠.高师数学情感教学刍议[J].新西部,2010(10):182,190.
[51] 代新利.浅析情感因素在高等数学教学中的运用[J].中国成人教育,2015(23):181-182.
[52] 王志东.小学数学教学中情感与态度教育材料的再加工[J].教学与管理,2012(20):37-38.
[53] 肖骁.数学情感性教学模式研究与实践[J].教育评论,2014(10):124-126.
[54] 张维忠,刘艳平,陆吉健.埃塞俄比亚小学高段数学大纲系列内容评介[J].外国中小学教育,2015(10):52-57.
[55] Matteson S. Mathematical literacy and standardized mathematical assessments[J]. Reading Psychology,2006,27(2-3):205-233.
[56] 张楚廷.数学·数学史·数学教育[J].课程·教材·教法,2012,32(6):54-58.
[57] 林伟华.数学素养的概念化认知与教学研究思考[J].广东技术师范学院学报,2018,39(6):61-66.
[58] OECD. PISA 2009 assessment framework: key competencies in reading, mathematics and Science[J]. Oecd Publishing,2010:292.
[59] 綦春霞,王瑞霖.中英学生数学素养的比较及其启示[J].比较教育研究,2012,34(11):75-80.
[60] 栾慧英.八年级学生代数素养现状测评研究[D].新乡:河南师范大学,2016.
[61] 陈蓓.国外数学素养研究及其启示[J].外国中小学教育,2016(4):16,17-23.

[62] Weintrop D, Beheshti E, Horn M, et al. Defining computational thinking for mathematics and science classrooms[J]. Journal of Science Education and Technology, 2016,25(1):127-147.

[63] Cai J, Hwang S, Moyer J C. Mathematical problem posing as a measure of curricular effect on students' learning: a response[J]. Educational Studies in Mathematics, 2016, 91(1):9-10.

[64] 桂德怀,徐斌艳.数学素养内涵之探析[J].数学教育学报,2008,17(5):22-24.

[65] 王光明,张楠,周九诗.高中生数学素养的操作定义[J].课程·教材·教法,2016,36(7):50-55.

[66] 苏洪雨,江雪萍,桂鹏.基于几何问题情境的高中教师的数学素养研究[J].数学教育学报,2010,19(1):81-85.

[67] 顾沛.十种数学能力和五种数学素养[J].高等数学研究,2001,4(1):5.

[68] 武小鹏,张怡."数学核心素养"内涵的再认识[J].上海教育科研,2018(7):16-20.

[69] 郑强.数学素养与数学教学[J].山东教育学院学报,2006(5):118-119,128.

[70] Woodruffe C. Competent by any other name[J]. Personnel Management, 1991, (9): 30-31.

[71] 张华.论核心素养的内涵[J].全球教育展望,2016,45(4):10-24.

[72] 褚宏启.核心素养的概念与本质[J].华东师范大学学报(教育科学版),2016,34(1):1-3.

[73] 燕国材.一种新的学习理论的探索:关于智力与非智力因素结合论的学习理论的几点看法[J].教育评论,1986(6):24-30.

[74] 曹才翰,章建跃.数学教育心理学[M].北京:北京师范大学出版社,1999.

[75] 王子兴.论数学素养[J].数学通报,2002(1):6-9.

[76] 朱德江.小学生数学素养的构成要素与培养策略[J].学科教育,2004(7):27-31.

[77] 张亚静.数学素养:学生的一种重要素质:基于数学文化价值的思考[J].中国教育学刊,2006(03):65-67.

[78] 朱长江.谈谈如何提高大学生的数学素养[J].中国大学教学,2011(11):17-19.

[79] 戴雄燕.变式教学对初中艺术生数学素养的培养研究 [D].长沙:湖南师范大学,2011.

[80] 潘小明.基础教育阶段学生数学素养的四维一体模型[J].教育与教学研究,2012,26(10):91-95,99.

[81] 张奠宙,胡晋宾.弹指二十年,《导引》谱新篇:《数学教育研究导引(二)》导读[J].中学数学教学参考:上旬,2013(8):61-63.

[82] 王娅婷.多维项目反应理论在小学生数学素养诊断中的应用[D].成都:四川师范大学,2017.

[83] 张维忠,陆幸意.台湾《数学素养向度建议文》评介[J].浙江师范大学学报(自然科学版),2014,37(4):416-420.

[84] 刘喆,高凌飚.西方数学教育中数学素养概念之辨析[J].中国教育学刊,2011(7):40-43,51.
[85] 卢家楣,刘伟,贺雯,等.中国当代大学生情感素质的现状及其影响因素[J].心理学报,2017,49(1):1-16.
[86] 史宁中,林玉慈,陶剑,等.关于高中数学教育中的数学核心素养:史宁中教授访谈之七[J].课程·教材·教法,2017,37(4):8-14.
[87] 马云鹏.关于数学核心素养的几个问题[J].课程·教材·教法,2015,35(9):36-39.
[88] 孔凡哲,史宁中.中国学生发展的数学核心素养概念界定及养成途径[J].教育科学研究,2017(6):5-11.
[89] 张维忠,程孝丽.数学核心素养视角下民族建模的特点与构建过程[J].当代教育与文化,2016,8(4):37-40.
[90] 中华人民共和国教育部.普通高中数学课程标准(2017 年版)[S].北京:人民教育出版社,2018.
[91] 林伟华.分析与启示:数学素养和数学核心素养的关系[J].牡丹江师范学院学报(自然科学版),2018(4):60-65.
[92] 张晋宇,马文杰,鲍建生.数学核心素养系统的演化、结构和功能[J].基础教育,2017,14(6):67-74.
[93] 何齐宗,李楠.论大学教师的情感素养[J].高等教育研究,2009,30(6):60-65.
[94] 王守法.论高校党校教师的情感素养及其塑造[J].思想教育研究,2010(1):21-23.
[95] 马多秀.教师情感素养:教师专业发展的内在源泉[J].中小学管理,2013(5):42-44.
[96] 黄晨晨,巩微,伏文龙,等.基于深度信念网络的语音情感识别的研究[J].计算机研究与发展,2014,51(S1):75-80.
[97] 张林,钱冠群,樊卫国,等.轻型评论的情感分析研究[J].软件学报,2014,25(12):2790-2807.
[98] 沙勇忠,阎劲松,王峥嵘.雅安地震后红十字会的公众信任研究:基于微博数据的网民情感分析[J].公共管理学报,2015,12(3):93-104,158-159.
[99] 刘远,周祖城.员工感知的企业社会责任、情感承诺与组织公民行为的关系:承诺型人力资源实践的跨层调节作用[J].管理评论,2015,27(10):118-127.
[100] 刘凤军,李辉.社会责任背景下企业联想对品牌态度的内化机制研究:基于互惠与认同视角下的理论构建及实证[J].中国软科学,2014(3):99-118.
[101] 罗杰,周瑗,陈维,等.教师职业认同与情感承诺的关系:工作满意度的中介作用[J].心理发展与教育,2014,30(3):322-328.
[102] 王建明,吴龙昌.亲环境行为研究中情感的类别、维度及其作用机理[J].心理科学进展,2015,23(12):2153-2166.
[103] 曲庆,高昂.个人—组织价值观契合如何影响员工的态度与绩效:基于竞争价值观模型

的实证研究[J].南开管理评论,2013(5):4-15.

[104] 陈红敏,赵雷,伍新春.生活事件对情感和行为的影响:理论比较与启示[J].心理科学进展,2014,22(3):492-501.

[105] 李爱梅,高结怡,彭元,等.积极情感和消极情感适应的不对称性及其机制探讨[J].心理科学进展,2015,23(4):632-642.

[106] 王英芊,邹泓,侯珂,等.亲子依恋、同伴依恋与青少年消极情感的关系:有调节的中介模型[J].心理发展与教育,2016,32(2):226-235.

[107] 望海军.品牌信任和品牌情感:究竟谁导致了品牌忠诚?一个动态研究[J].心理学报,2012,44(6):830-840.

[108] 常亚平,肖万福,覃伍,等.网络环境下第三方评论对冲动购买意愿的影响机制:以产品类别和评论员级别为调节变量[J].心理学报,2012,44(9):1244-1264.

[109] 丁毅,纪婷婷,邹文谦,等.物理温度向社会情感的隐喻映射:作用机制及其解释[J].心理科学进展,2013,21(6):1133-1140.

[110] 王桢,陈乐妮.领导者情感的作用机制:一个跨层的整合观点[J].心理科学进展,2014,22(1):122-129.

[111] 刘儒德,沈彩霞,徐乐,等.儿童基本心理需要满足对上网行为和上网情感的影响:一项追踪研究[J].心理发展与教育,2014,30(1):90-95,104.

[112] 卢家楣,王俊山,刘伟.中小学班级氛围、班主任情感素质对青少年学生情感素质的影响:基于多层线性分析[J].心理科学,2014,37(5):1174-1179.

[113] 殷融,曲方炳,叶浩生."右好左坏"和"左好右坏":利手与左右空间情感效价的关联性[J].心理科学进展,2012,20(12):1971-1979.

[114] 陈凌,陈华丽.家族涉入、社会情感财富与企业慈善捐赠行为:基于全国私营企业调查的实证研究[J].管理世界,2014(8):90-101,188.

[115] 刘鲁川,孙凯.社会化媒体用户的情感体验与满意度关系:以微博为例[J].中国图书馆学报,2015,41(1):76-91.

[116] 李新春,叶文平,唐嘉宏,等.创始爱心资金获取:情感信任还是能力信任[J].管理科学,2015,28(2):40-48.

[117] 马贵梅,樊耘,于维娜,等.员工—组织价值观匹配影响建言行为的机制[J].管理评论,2015,27(4):85-98.

[118] 蒿坡,龙立荣.员工情感与创造力:一个动态研究模型[J].管理评论,2015,27(5):157-168.

[119] 黄潇婷.基于时空路径的旅游情感体验过程研究:以香港海洋公园为例[J].旅游学刊,2015,30(6):39-45.

[120] 朱竑,高权.西方地理学"情感转向"与情感地理学研究述评[J].地理研究,2015,34(7):1394-1406.

[121] 王桢,陈乐妮,李旭培.变革型领导与工作投入:基于情感视角的调节中介模型[J].管理评论,2015,27(9):120-129,212.

[122] 陈颀,吴毅.群体性事件的情感逻辑以 DH 事件为核心案例及其延伸分析[J].社会,2014,34(1):75-103.

[123] 贺伟,蒿坡.薪酬分配差异一定会降低员工情感承诺吗:薪酬水平、绩效薪酬强度和员工多元化的调节作用[J].南开管理评论,2014,17(4):13-23.

[124] 刘翠娟,刘箴,柴艳杰,等.基于微博文本数据分析的社会群体情感可视计算方法研究[J].北京大学学报(自然科学版),2016,52(1):178-186..

[125] 刘汶蓉.转型期的家庭代际情感与团结:基于上海两类"啃老"家庭的比较[J].社会学研究,2016,31(4):145-168,245.

[126] 卢崴诩.以安顿生命为目标的研究方法:卡洛琳·艾理斯的情感唤起式自传民族志[J].社会学研究,2014,29(6):221-237,246.

[127] 陈笃升,王重鸣.组织变革背景下员工角色超载的影响作用:一个有调节的中介模型[J].浙江大学学报(人文社会科学版),2015,45(3):143-157.

[128] 费多益.认知视野中的情感依赖与理性、推理[J].中国社会科学,2012(8):31-47,203-204.

[129] 李泽厚,刘悦笛.从"情本体"反思政治哲学[J].开放时代,2014(4):10,194-215.

[130] 汤新星,孙湘明.梅洛·庞蒂身体哲学视域下的体验设计[J].湖南科技大学学报(社会科学版),2015,18(2):56-60.

[131] 方德志.情感与存在:儒家德性精神现代振兴的方法论构建:基于一种人类情感启蒙的视角[J].道德与文明,2015,(2):47-57.

[132] 周黄正蜜.智性的情感:康德道德感问题辨析[J].哲学研究,2015(6):78-84,129.

[133] 王腾.从"理性认识"到"意识呈现":休谟道德哲学建构的情感逻辑[J].西南大学学报(社会科学版),2015,41(4):15-23.

[134] 章安邦."法律、理性与情感"的哲学观照:第 27 届 IVR 世界大会综述[J].法制与社会发展,2015,21(5):132-137.

[135] 李泽厚,刘悦笛.关于"情本体"的中国哲学对话录[J].文史哲,2014,(3):18-29,165.

[136] 黄玉顺.情感与存在及正义问题:生活儒学及中国正义论的情感观念[J].社会科学,2014(5):117-123.

[137] 李高阳.西方遇见东方:斯洛特、蒙培元情感价值体系比较[J].社会科学,2014(5):124-130.

[138] 孙毅,陈朗."愤怒"情感隐喻视阈中的体验哲学管窥[J].云南师范大学学报(对外汉语教学与研究版),2008(5):54-58.

[139] 罗伟玲,陈晓平.理性与情感的张力:评休谟的道德哲学[J].华南师范大学学报(社会科学版),2008,(01):47-52,158.

[140] 陈晓曦.理性、情感与道德区分:兼论苏格兰启蒙运动中情感主义学派的论证及意义[J].湖南社会科学,2011(5):30-34.

[141] 刘纪璐.张载与王夫之的道德心理哲学[J].社会科学,2011(5):126-133.

[142] 王庆节.道德感动与伦理意识的起点[J].哲学研究,2010(10):100-110,129.

[143] 张剑心,武燕,陈心韵,等.高低情感开放性者概率内隐序列学习进程差异[J].心理学报,2014,46(12):1793-1804.

[144] 卢家楣.对情感教学心理研究的思考与探索[J].心理发展与教育,2015,31(1):78-84.

[145] 古海波,顾佩娅.国际教师情感研究进展的可视化分析及其启示[J].外语电化教学,2015(3):50-56.

[146] 胡亚琳,王蔷.教师情感研究综述:概念、理论视角与研究主题[J].外语界,2014(1):40-48.

[147] 王平,朱小蔓.建设情感文明:当代学校教育的必然担当[J].教育研究,2015,36(12):12-19.

[148] 康勇军,王霄,屈正良.职业院校教师情感承诺与职业倦怠的关系:情感承诺的中介作用和职称的调节作用[J].心理发展与教育,2014,30(5):550-560.

[149] 单美贤.CSCL 合作问题解决过程中情感支持框架探析[J].开放教育研究,2015,21(4):99-105.

[150] 赵鑫.国外情感教育研究的进展与趋势述评[J].比较教育研究,2013,35(8):54-59.

[151] 李吉林.情感:情境教育理论构建的命脉[J].教育研究,2011,32(7):65-71.

[152] 张攀峰,寻素华,吉丽晓."智能学伴"在小学游戏化学习社区中的情感交互设计[J].中国电化教育,2014(10):123-128.

[153] 李文跃.教学符号互动:课堂情感机制生成的重要路径:符号互动论的视角[J].现代大学教育,2013(6):7-13,78.

[154] 杨晓军.留守儿童情感教育的媒介化"补偿"机制探析[J].电化教育研究,2014,35(7):36-40.

[155] 王俊山,卢家楣,解登峰,等.中国当代大学生人际情感现状调查研究[J].心理科学,2016,39(6):1310-1317.

[156] 马多秀.情感教育研究的回顾与展望[J].教育研究,2017,38(1):52-61.

[157] 卢家楣,徐雷,蔡丹,等.当代大学生道德情感现状调查研究[J].教育研究,2016,37(12):54-61.

[158] 卢家楣.对中学教学中运用情感因素现状的学生调查[J].课程.教材.教法,2002(10):73-78.

[159] 卢家楣,卢盛华,闫志英,等.中国当代青少年人际情感现状调查研究[J].心理科学,2010,33(6):1313-1318.

[160] 项茂英.情感因素对大学英语教学的影响:理论与实证研究[J].外语与外语教学,2003

(3):23-26.

[161] 郭继东.英语学习情感投入的构成及其对学习成绩的作用机制[J].现代外语,2018,41(1):55-65,46.

[162] 刘伟,卢家楣,陈念劬,等.中国当代大学生生活情感现状调查研究[J].心理科学,2016,39(6):1326-1332.

[163] 竺培梁,卢家楣,张萍,等.中国当代青少年情感能力现状调查研究[J].心理科学,2010,33(6):1323,1329-133.

[164] 贺雯,卢家楣,徐京卫,等.中国当代青少年审美情感现状调查研究[J].心理科学,2010(6):1324-1328.

[165] 张文海,卢家楣,张庆.青少年气质对其情绪调节的影响:教师情感能力的作用[J].心理科学,2011,34(4):834-838.

[166] 王凤英.中小学教师职业情感研究[D].长春:东北师范大学,2012.

[167] 邵光华,纪雪聪.国外教师情感研究与启示[J].教师教育研究,2015,27(5):107-112.

[168] 张意忠.论教师职业情感的生成与培育[J].高等教育研究,2010,31(5):56-61.

[169] 马多秀.论教师专业发展的情感维度[J].教育理论与实践,2013,33(4):37-40.

[170] 钟芳芳,朱小蔓.教师关切情感的逻辑及其实践路径:兼论当代师生关系危机[J].中国教育学刊,2016(11):67-74.

[171] 卢家楣.教材内容的情感性分析及其处理策略[J].心理科学,2000(1):42-47,125-126.

[172] 卢家楣.发掘情感策略的实验研究[J].心理科学,2001(6):690-693,766.

[173] 卢家楣.教学内容的情感性处理策略[J].教育研究,2002(12):70-74.

[174] 姜莲玉.文章因情而著,教学为情所行:初中语文教材中蕴含的情感及教学策略[J].当代教育科学,2013(10):56-57.

[175] 王较过,田甜.物理教材中的情感态度与价值观的教育因素分析:以物理1为例[J].内蒙古师范大学学报(教育科学版),2014,27(2):144-147.

[176] 范琳,刘振前.从情感纬度上优化大学英语教材内容的实验研究:运用心理匹配策略和发掘情感策略[J].外语教学,2005(6):57-62.

[177] 胡家会.关于教材内容中情感信息教学的探讨[J].吉林教育科学,2000(10):40-41.

[178] 乔建中.论教材内容的情感价值[J].上海教育科研,2010(6):52-53.

[179] 邬芳琴.如何挖掘教材中的情感因素[J].语文建设,2009(5):35,44.

[180] 卢家楣.课堂教学的情感目标分类[J].心理科学,2006(6):1291-1295.

[181] 卢家楣.论情感教学模式[J].教育研究,2006(12):55-60.

[182] 卢家楣.教学领域情感目标的形成性评价研究[J].教育研究,2007(12):85-89.

[183] 孙卉.情感教学心理学模式对于提升青少年合作感的作用[J].中小学心理健康教育,2020(23):14-18.

[184] 潘炳超."情知交融"网络教学模式之构建[J].中国远程教育,2015(1):30-34,79.

[185] 刘玉娟,李县民.情感教学模式在中职英语教学中的实践性探索[J].教育与职业,2008(24):62-64.

[186] 郭瑜洁,姜安丽,叶旭春,等.护理人文关怀教学模式的应用效果研究[J].复旦教育论坛,2014,12(2):109-112.

[187] 郭惠秋,朱兴东.高校体育舞蹈教学中"合作—情感"教学模式的构建研究[J].黑龙江高教研究,2014(6):159-161.

[188] 肖骁.数学情感性教学模式研究与实践[J].教育评论,2014(10):124-126.

[189] 李润洲."情感态度与价值观"教育的目标设定与实现路径[J].教育发展研究,2015,35(Z2):90-94.

[190] 毛豪明,周黎.当代中国情感教育理论研究检视[J].中国教育学刊,2006(4):27-29.

[191] 柴素芳.大学生幸福观教育之道德情感维度[J].河北大学学报(哲学社会科学版),2012,37(1):128-130.

[192] 刘志山.道德教育向现实生活的回归与超越[J].北京师范大学学报(社会科学版),2005(4):29-33.

[193] 张淑燕,赵继伦.和谐社会构建与情感教育[J].东北师大学报(哲学社会科学版),2008(3):32-35.

[194] 唐柏林.当代大学生情商教育基本策略[J].湖北社会科学,2008(5):167-169.

[195] 张淑燕,赵继伦.关于情感教育回归生活世界的思考[J].教育科学,2008(1):51-53.

[196] 李红恩,靳玉乐.教师的教育情感:内涵、构成与启示[J].现代教育管理,2011(10):86-89.

[197] 李建华,李丽红,曾嵘.情感教育:人文知识内化为人文素质的机制[J].高等教育研究,2002(2):84-87.

[198] 卢家楣,汪海彬,陈宁,等.我国青少年理智情感现状调查研究[J].教育研究,2012,33(1):110-117.

[199] 李永鑫,张娜,申继亮.Mael组织认同问卷的修订及其与教师情感承诺的关系[J].教育学报,2007(6):29-33.

[200] 贺雯,卢家楣,王怀勇,等.中国当代大学生审美情感现状调查研究[J].心理科学,2016,39(6):1318-1325.

[201] 刘伟,卢家楣,李玲玲,等.中国当代青少年生活情感现状调查研究[J].心理科学,2010,33(6):1319-1323.

[202] 陈宁.当代大学生道德情感现状调查及教育研究:以上海市部分高校为例[J].思想教育研究,2011(6):89-92.

[203] 胥兴春,杨聃旎,贾娟.中学生感知的教师情感支持问卷编制及特点研究[J].西南大学学报(自然科学版),2014,36(6):175-179.

[204] 王俊山,卢家楣.中小学班主任情感素质的问卷编制及现状调查[C]//中国心理学会.增

强心理学服务社会的意识和功能：中国心理学会成立 90 周年纪念大会暨第十四届全国心理学学术会议论文摘要集. 上海师范大学教育学院，上海市静安区教育学院，2011.

[205] 缪连芬，卢家楣，吴海涛，等. 应用决策树探讨中国当代大学生情感素质下属各情感的相互关系[J]. 心理科学，2017，40(6)：1359-1364.

[206] 胡丰峰. 青少年自强感的现状、影响因素及其培养的实证研究[D]. 上海：上海师范大学，2012.

[207] 皇甫倩，王后雄，彭慧. 高中生课堂参与度现状及其影响因素的调查研究：以高中化学学科为例[J]. 教育理论与实践，2015，35(23)：55-57.

[208] 宁金平. 高校教师积极教学情感形成的影响因素与激发策略[J]. 教育探索，2016(6)：125-128.

[209] 钟志勇. 蒙古族初中生数学情感、自信心与价值观及其影响因素的实证研究[J]. 内蒙古师范大学学报(教育科学版)，2013，26(12)：46-49.

[210] 瞿振元. 素质教育：当代中国教育改革发展的战略主题[J]. 中国高教研究，2015(5)：1-6.

[211] 卢家楣. 论青少年情感素质[J]. 教育研究，2009，30(10)：30-36.

[212] 席云玲. 论农村基层思想政治工作者应具备的情感素质[J]. 安徽农业科学，2007(20)：6247-6248.

[213] 王颖卓. 从解读宝黛爱情入手，提高大学生的情感素质[J]. 教育探索，2008(6)：108-109.

[214] 沈洪. 如何在读书活动中培养少儿的情感素质[J]. 图书馆工作与研究，2000(2)：77-78.

[215] 张雷声. 注重"两课"教师情感素质的提高[J]. 中国高等教育，2001(6)：19-21.

[216] 刘峥嵘，欧阳霞. 试论中小学教师的情感素质[J]. 教学与管理，2007(21)：28-29.

[217] 陈佑清. 人作为活动主体的素质结构[J]. 教育研究，2002(6)：30-34，48.

[218] 张大均，冯正直，郭成，等. 关于学生心理素质研究的几个问题[J]. 西南师范大学学报(哲学社会科学版)，2000(3)：56-62.

[219] 王俊山，卢家楣. 中小学班主任情感素质结构与提升路径[J]. 中国教育学刊，2014(2)：95-98.

[220] 王俊山，卢家楣. 中小学班主任情感素质问卷编制的研究[J]. 上海教育科研，2013(10)：46-49.

[221] 周蜀溪，郭英，张妍. 小学生情感能力结构模型的建构及其问卷编制[J]. 现代中小学教育，2013(9)：82-86.

[222] 王健，张大均. 抑郁症状大学生攻击性问卷的编制及信效度检验[J]. 西南大学学报(社会科学版)，2017，43(4)：102-111，191.

[223] 吴旻，谢世艳，郭斯萍. 大学生积极心理资本问卷的编制及思考[J]. 江西师范大学学报(哲学社会科学版)，2015，48(6)：127-132.

[224] 赵倩. 大学生心理危机表现问卷编制及信效度分析[J]. 现代预防医学，2016，43(21)：3945-3949，3956.

[225] 周晶晶,蒋松桂.教师知识分享行为结构探析及问卷编制[J].教学与管理,2014(21):50-53.

[226] 陈君程,严予若,艾莉,等.藏族大学生性心理健康问卷初步编制[J].四川大学学报(医学版),2016,47(3):382-388.

[227] 叶一舵,方必基.青少年学生心理资本问卷的编制[J].福建师范大学学报(哲学社会科学版),2015(2):135-141,171.

[228] 卢家楣,蔡丹,张文渊.我国中等职业学校青少年学生情感素质的现状[J].心理科学,2011,34(6):1338-1344.

[229] 庞彬.论教师的情感素质[J].教学与管理,2010(27):27-28.

[230] 管乐.音乐教育对大学生情感素质培养的实践思考[J].大舞台,2012(8):243-244.

[231] 李妮娜.中学数学的情感教学实践与研究[D].南京:南京师范大学,2005.

[232] 燕国材.非智力因素与教育改革[J].课程·教材·教法,2014,34(7):3-9.

[233] 林伟华.师范生数学情感素养的概念化认知[J].闽南师范大学学报(自然科学版),2018,31(4):85-91.

[234] OECD. PISA 2009 assessment framework: key competencies in reading, mathematics and science[J]. OECD Publishing,2010:292.

[235] Gordon J, Halúsz G, Krawczyk M, et al. Key Competences in Europe: opening doors for lifelong learners across the school curriculum and teacher education[J]. Case Network Reports,2009(87):39.

[236] 崔允漷.追问"核心素养"[J].全球教育展望,2016,45(5):3-10,20.

[237] 核心素养研究课题组.中国学生发展核心素养[J].中国教育学刊,2016(10):1-3.

[238] 杨树.中国城市居民节能行为及节能消费激励政策影响研究[D].合肥:中国科学技术大学,2015.

[239] 高融.休闲女装全渠道消费决策机理研究 [D].上海:东华大学,2017.

[240] 卢婧.网络口碑在不同消费决策阶段对消费者行为的影响研究[D].北京:北京邮电大学,2015.

[241] 杨烨.电动汽车消费者行为分析及其对市场扩散的影响研究[D].北京:华北电力大学,2022.

[242] 赵斌.比亚迪新能源汽车消费的影响因素研究[D].长沙:中南大学,2010.

[243] 刘婧.提升 O2O 生活服务平台用户忠诚度的策略研究[D].上海:上海工程技术大学,2016.

[244] 朱桂兰,冯美娣.高校生命情感教育的引导与培育[J].吉林教育学院学报(中旬),2015,31(4):62-63.

[245] 中国社会科学院语言研究所词典编辑室.现代汉语词典[M].7 版.北京:商务印书馆,2016.

［246］ 周晓慧.男女译者在文学翻译过程中的不同心理机制分析［J］.英语广场，2017(8)：24-26.
［247］ 耿潇，李增.成长、表演与伦理：论麦克尤恩《化装》的扮装表演及其伦理关照［J］.湖北大学学报(哲学社会科学版)，2017，44(6)：28-34.
［248］ 吴芝明，伍少梅，韩春燕，等.基于多元回归的色彩人格定量化研究［J］.四川大学学报(自然科学版)，2016，53(6)：1255-1260.
［249］ 周发忠，涂慧娟.艾略特戏剧《机要秘书》的伦理解构［J］.浙江理工大学学报(社会科学版)，2017，38(4)：325-329.
［250］ 田廷广，武玮."种"的博弈：基于虚拟社区田野之上的文化内涵分析［J］.长春师范大学学报(人文社会科学版)，2014，33(3)：8-10.
［251］ 宋莎莎，赵广杰.木材宏观细胞堆砌构造图案的情感心理表达［J］.北京林业大学学报，2011，33(3)：122-126.
［252］ 黄金金.英汉语情感类心理动词的认知语义对比研究［D］.宁波：宁波大学，2014.
［253］ 杨清.简明心理学词典［M］.长春：吉林人民出版社，1985.
［254］ 吴静静.水墨人物画创作中的情感表现：我的创作感悟［D］.开封：河南大学，2016.
［255］ 李晓丽.语文教学应加强学生的情感培养［J］.中华少年：研究青少年教育，2012(8)：187-187.
［256］ 杜厚文.定义的表达法［J］.语言教学与研究，1993(3)：69-80.
［257］ 褚宏启.核心素养的国际视野与中国立场：21世纪中国的国民素质提升与教育目标转型［J］.教育研究，2016，37(11)：8-18.
［258］ 林崇德.构建中国化的学生发展核心素养［J］.北京师范大学学报(社会科学版)，2017(1)：66-73.
［259］ 辛涛，姜宇，林崇德，等.论学生发展核心素养的内涵特征及框架定位［J］.中国教育学刊，2016(6)：3-7，28.
［260］ Rychen D S，Salganik L H. Key competencies for a successful life and a well-functioning society［R］. Hogrefe & Huber，2003.
［261］ 辛涛，姜宇，刘霞.我国义务教育阶段学生核心素养模型的构建［J］.北京师范大学学报(社会科学版)，2013(1)：5-11.
［262］ 李文健.哲学范畴不应该使用循环定义［J］.西北政法学院学报，1987(2)：89-91.
［263］ OECD. The definition and selection of key competences：executive summary：DeSeCo project［EB/OL］.(2005-05-27). http://www.oecd.org/pisa/35070367.pdf.
［264］ 燕国材.论非智力因素及其在教育工作中的意义［J］.贵州教育学院学报(社会科学版)，1988(1)：1-6，14.
［265］ 周家骥，顾海根，卢家楣.情感目标和评价的研究［J］.心理科学，2002，25(6)：652，676-679.

[266] 范先友.数学学习情感和情感教育初探[J].黄冈师专学报,1997(1):46-53.

[267] 阎耀军.现代实证性社会预警[M].北京:社会科学文献出版社,2005.

[268] 中华人民共和国教育部.国家中长期教育改革和发展规划纲要(2010—2020 年)[EB/OL].(2010-07-29). http://www. moe. gov. cn/jyb _ xwfb/s6052/moe _ 838/201008/t20100802_93704. html.

[269] 中华人民共和国教育部.国务院印发《国家教育事业发展"十三五"规划》[EB/OL].(2017-01-19). http://www.moe.gov.cn/jyb_xwfb/s6052/moe_838/201701/t20170119_295317. html.

[270] 朱小蔓,丁锦宏.情感教育的理论发展与实践历程:朱小蔓教授专访[J].苏州大学学报(教育科学版),2015,3(4):70-80.

[271] 刘霞,胡清芬,刘艳,等.我国学生发展核心素养的实证调查[J].中国教育学刊,2016(6):15-22.

[272] 马云鹏,孔凡哲,张春莉.数学教育测量与评价[M].北京:北京师范大学出版社,2016.

[273] 高光贵.多指标综合评价中指标权重确定及分值转换方法研究[J].经济师,2003(3):265-266.

[274] 李因果,李新春.综合评价模型权重确定方法研究[J].辽东学院学报(社会科学版),2007,9(2):92-97.

[275] 林伟华,李进金.基于优势关系全序化的球队攻守能力评价研究[J].计算机工程与应用,2014,50(18):246-250.

[276] 林伟华,李进金,吴宇宁.基于优势关系的多属性群决策方法[J].计算机工程与应用,2018,54(9):237-242.

[277] LIN W H, FANG L H, XIE L H. Cross-complementary subsets in paratopological groups[J]. Hacettepe Jouarnal of Mathematics and Statistics,2020,49(1)1-7.

[278] Yue Z. A method for group decision-making based on determining weightsof decision makers using TOPSI[J]. Applied mathematical Modelling,2011,35(4):1926-1936.

[279] WANG W,LIU X,QIN Y. Multi-attribute group decision making models under interval type-2 fuzzy environment[J]. Knowledge-Based Systems,2012,30:121-128.

[280] CHEN Z, YANG W. A new multiple attribute group decision making method in intuitionistic fuzzy setting [J]. Applied Mathematical Modelling, 2011, 35(9): 4424-4437.

[281] Jiménez A, Mateos A, Sabio P. Dominance intensity measure within fuzzy weight oriented MAUT:an application[J]. Omega,2013,41(2):397-405.

[282] Pawlak Z. Rough set [J]. International Journal of Computer & Information Sciences, 1982,11(5):341-356.

[283] XU W,LI W,LUO S. Knowledge reductions in generalized approximation space over

two universes based on evidence theory[J]. Journal of Intelligent & Fuzzy Systems, 2015,28(6):2471-2480.

[284] LIANG J, QIAN Y H, LI D Y, et al. Theory and method of granular computing for big data discovery[J]. Science in China Series E: Information Sciences, 2015, 45(11): 1355-1369.

[285] WU W Z, LEUNG Y. Optimal scale selection for multiscale decision tables[J]. International Journal of Approximate Reasoning, 2013, 54(8): 1107-1129.

[286] 张文修,梁怡,吴伟志.信息系统与知识发现[M].北京:科学出版社,2003.

[287] QIAN Y H, LIANG J Y, SONG P, et al. On dominance relations in disjunctive set-valued ordered information systems [J]. International Journal of Information Technology& Decision Making, 2010, 9(1): 9-33.

[288] HUANG B, WEI D K, LI H X, et al. Using a rough set model to extract rules in dominance based interval valued intuitionistic fuzzy information systems [J]. Information Sciences, 2013, 221: 215-229.

[289] ZHANG H Y, LEUNG Y, ZHOU L. Variable precision dominance based rough set approach to interval valued information systems[J]. Information Sciences, 2013, 244: 75-91.

[290] XU W, SUN W, ZHANG X, et al. Multiple granulation rough set approach to ordered information systems [J]. International Journal of General Systems, 2012, 41 (5): 475-501.

[291] SONG P, LIANG J, QIAN Y. A two grade approach to ranking interval data[J]. Knowledge Based Systems, 2012, 27: 234-244.

[292] LIANG D, LIU D. A novel risk decision making based on decision-theoretic rough sets under hesitant fuzzy information[J]. IEEE Transactions on Fuzzy Systems, 2015, 23 (2): 237-247.

[293] SUN B, MA W. Rough approximation of a preference relation by multi-decision dominance for a multi-agent conflict analysis problem[J]. Information Sciences, 2015, 315: 39-53.

[294] Chakhar S, Ishizaka A, Labib A, et al. Dominance based rough set approach for group decisions[J]. European Journal of Operational Research, 2016, 251(1): 206-224.

[295] 张文修,仇国芳.基于粗糙集的不确定决策[M].北京:清华大学出版社,2005.

[296] WANG H, GUAN Y, HUANG J, et al. Decision rules acquisition for inconsistent disjunctive set valued ordered decision information systems[J]. Mathematical Problems in Engineering, 2015: 1-8.

[297] Hakimi A A, Furberg H, Zabor E C, et al. An epidemiologic and genomic investigation

into the obesity paradox in renal cell carcinoma[J]. Journal of the National Cancer Institute,2013,105(24):1862-1870.

[298] 教育实证研究华东师范大学行动宣言[J]. 华东师范大学学报(教育科学版),2017,35(3):1-3.

[299] 成伯清. 当代情感体制的社会学探析[J]. 中国社会科学,2017(5):83-101,207.

[300] 许自强. 初中生数学学习主观幸福感问卷的编制及其应用[D]. 上海:华东师范大学,2017.

[301] 王俊山. 中小学班主任的情感素质研究[D]. 上海:上海师范大学,2011.

[302] 卢晖临,李雪. 如何走出个案:从个案研究到扩展个案研究[J]. 中国社会科学,2007(1):118-130,207-208.

[303] 王宁. 代表性还是典型性:个案的属性与个案研究方法的逻辑基础[J]. 社会学研究,2002(5):123-125.

[304] 范伟达. 现代社会研究方法[M]. 上海:复旦大学出版社,2007.

[305] 魏峰. 从个案到社会:教育个案研究的内涵、层次与价值[J]. 教育研究与实验,2016(4):24-29.

[306] Bassy M. Case study research in educational settings[M]. Buckingham:Open University Press,1999.

[307] 张立昌,南纪稳. "走出个案":含义、逻辑和策略[J]. 教育研究,2015,36(12):99-104,134.

[308] 王宁. 个案研究的代表性问题与抽样逻辑[J]. 甘肃社会科学,2007(5):1-4.

[309] 王俊山,卢家楣. 中小学班主任情感素质的调查研究[J]. 心理与行为研究,2015,13(1):52-58.

[310] 周文辉,张爱秀,刘俊起,等. 我国高校研究生与导师关系现状调查[J]. 学位与研究生教育,2010(9):7-14.

[311] 高永良. 大学生创业教育现状调查与对策研究[J]. 学校党建与思想教育,2009(22):61-63.

[312] 邓倩. 中国研究生科学素质现状的调查分析[J]. 中国高教研究,2006(6):24-26.

[313] 谢根生,成梅,蔡梅良. 对高职学生文化素质教育现状的调查与思考[J]. 教育与职业,2006(17):106-107.

[314] 王秀香,都晓娟,全海英,等. 对辽宁省中学体育教师专业素质现状的调查与分析[J]. 辽宁师范大学学报(自然科学版),2005(3):372-374.

[315] 罗亚莉,刘衍玲,刘云波. 大学生专业承诺现状的调查研究[J]. 高教探索,2008(2):120-123.

[316] 张冲,孟万金,王新波. 中职学生积极心理品质现状调查和教育对策[J]. 中国特殊教育,2012(3):80-85.

[317] 张良才,孙继红.山东省高中生责任心现状的调查研究[J].教育学报,2006(4):82-90.

[318] 郑晓娜.大学生微信使用现状调查与分析:以全国 208 所高校为例[J].思想理论教育,2014(2):83-86.

[319] 付艳芬,尹可丽,王剑华.我国 6 地区心理健康教育服务现状调查[J].中国健康教育,2017,33(4):295-298.

[320] 费孝通.学术自述与反思[M].北京:生活·读书·新知三联书店,1996.

[321] 吴毅.何以个案为何叙述:对经典农村研究方法质疑的反思[J].探索与争鸣,2007(4):22-25.